U0558484

高等中医药院校通识教育系列教材

常用软件及应用

主编 王 哲 王 昂

郑州大学出版社

图书在版编目（CIP）数据

常用软件及应用 / 王哲，王昂主编. -- 郑州：郑
州大学出版社，2025.3. --（高等中医药院校通识教育
系列教材）. -- ISBN 978-7-5773-1022-0

Ⅰ. TP311.561

中国国家版本馆 CIP 数据核字第 2025CC1348 号

常用软件及应用

CHANGYONG RUANJIAN JI YINGYONG

策划编辑	陈文静	封面设计	苏永生
责任编辑	张若冰	版式设计	苏永生
责任校对	郜　毅	责任监制	朱亚君

出版发行	郑州大学出版社	地　址	河南省郑州市高新技术开发区
出 版 人	卢纪富		长椿路 11 号（450001）
经　销	全国新华书店	网　址	http://www.zzup.cn
印　刷	新乡市豫北印务有限公司	发行电话	0371-66966070
开　本	787 mm×1 092 mm　1 / 16		
印　张	12	字　数	272 千字
版　次	2025 年 3 月第 1 版	印　次	2025 年 3 月第 1 次印刷

书　号	ISBN 978-7-5773-1022-0	定　价	48.00 元

编审委员会

作者名单

主　编　王　哲　王　昂

副主编　徐燕文　陈昌爱　吕雅丽

编　者（以姓氏笔画为序）

王　昂（河南中医药大学）

王　哲（河南中医药大学）

王林景（河南中医药大学）

牛秋月（河南中医药大学）

吕雅丽（河南中医药大学）

陈昌爱（河南中医药大学）

党　豪（河南中医药大学）

徐燕文（河南中医药大学）

高志宇（河南中医药大学）

曹　莉（河南中医药大学）

程子豪（河南中医药大学）

总序

在新医科建设背景下，通识教育教学担负着新的历史使命。为培养具有专业素养和人文精神、全面和谐发展的高素质中医药人才，自2014年起，河南中医药大学开始探索适合中医药院校教育的通识教育教学改革。

截至目前，我校通识教育教学改革大致经历了三个阶段：改革与探索阶段（2014年—2017年），主要是贯彻通识教育理念，初步构建通识教育课程体系，建设通识教育师资队伍，探索构建通识教育教学运行机制和评价体系；完善与发展阶段（2018年—2020年），学校加入郑州市龙子湖高校园区六所高校联合组建的课程互选学分互认联盟，完善通识教育课程体系，改革考试评价体系；深化与提高阶段（2021年至今），学校着力推动大类人才培养模式改革，成立通识教育研究中心，推进师资队伍建设，重塑通识教育课程体系，加强通识教育系列教材建设。学校通识教育注重突出中医药文化特色，将中国传统文化和中医药文化课程纳入通识课程，并坚持"五育"并重，将美学教育、劳动教育、国家安全教育等课程纳入通识课程模块，初步构建起了具有河南中医药大学特色的通识教育课程体系。2022年，学校启动具有高等中医药院校特色的通识教育教材建设工作。

本套教材目前已建设16部，包含《汉字文化》《五运六气基础》《中外科技史》《劳动教育》《中国古代文学经典导读》《化学与生活》《旅游地理与华夏文明》《大学生自我管理》《生活中的经济学》《本草文化赏析》《中国饮食文化》《中医药人工智能及实践》《中华优秀传统文化概要》《情绪睡眠与健康》《常用软件及应用》《音乐鉴赏》。本套教材不仅可在我校各专业通识教育教学中使用，也适用于其他中医药高等院校及相关院校本科生、研究生通识教育课程教学。

在编写过程中，我们参考了其他高等院校的相关教材及资料。限于编者的能力与水平，本套教材难免有不足之处，还需要在教学实践中不断总结与提高，敬请同行专家提出宝贵意见，以便再版时修订完善。

高等中医药院校通识教育系列教材编审委员会
2025年3月

前言

在信息化高速发展的时代,计算机软件的应用已经遍及社会生活的各个领域,成为现代社会不可或缺的一部分。为了培养适应时代发展需求的高素质计算机应用人才,我们精心编写了这本教材,旨在为广大读者构建一个系统化的计算机常用工具软件学习体系。

本书编者团队由从事大学计算机教学的一线高级职称骨干教师组成,理论功底扎实且实践教学经验丰富,根据编者团队多年来开设计算机常用软件课程的经验,对本书内容进行了充分调研和论证。本书精选当下流行且有口皆碑的实用工具软件,深度融合理论知识与实践操作,系统全面地介绍了计算机常用工具软件的理论知识、基本技术及案例实践。同时,利用二维码技术实现快捷学习。在文档编辑、多媒体演示、图像处理、视频制作等章节融入 AI 大模型技术,引领读者紧跟技术发展,掌握前沿技术应用。这能有效提升读者对计算机常用工具软件的应用能力与信息技术综合素养,力求真正达到学以致用的目的。

全书共八章。第一章为计算机软件基础,介绍计算机发展、组成结构、系统软件、应用软件、软件的获取、安装与卸载、软件知识产权。第二章为计算机安全防护,介绍计算机病毒、系统补丁、防火墙、安全防护软件和系统测试与优化工具。第三章为文件管理工具,介绍文件与文件夹、文件资源管理器、文件压缩与解压缩、文件加密和文件恢复。第四章为办公工具软件,介绍文字输入法、Office 办公软件、浏览与制作、语言翻译及 AI 在办公中的应用。第五章为网络常用工具,介绍网络基础知识、网页浏览器、网络下载、网络存储、网络通信和网络与学习生活。第六章为图像处理工具,介绍图形图像基础、图片管理、屏幕截图、图像处理、思维导图制作及 AI 在图形图像中应用。第七章为音视频处理工具,介绍音频基础、数字音频处理、视频基础、视频处理、音视频格式转换及 AI 在音视频中的应用。第八章为手机管理工具,介绍手机操作系统、手机驱动程序、手机应用软件和手机助手应用。本教材是整个编写团队集体努力的结果,王哲、王昂、徐燕文、陈昌爱、吕雅丽参与了教材章节内容的编写工作;王哲、王昂负责对全书进行

1

统稿与整理;高志宇、牛秋月、曹莉、王林景、党豪、程子豪参与了实验调试、文档整理工作。

本书既可作为高等院校各专业的计算机基础教育指导教材,也可作为计算机技术培训用书和计算机爱好者自学用书。

由于编者水平有限,书中难免存在疏漏与不足之处,敬请学术同仁和广大读者不吝赐教。

编者

2024 年 10 月

目录

第一章　计算机软件基础

计算机系统包括硬件系统和软件系统。硬件系统是组成计算机各种物理设备的总称。只有硬件的计算机是不能完成任何工作的,软件自始至终都指挥和控制着硬件的工作,软件是用户和计算机沟通的桥梁。本章主要介绍计算机系统的组成、计算机软件的分类、计算机软件的安装、软件知识产权等,帮助用户快速了解计算机软件。

1.1　计算机基础

计算机是一种能高速、精确进行数值运算和信息处理的现代化电子设备。它的诞生和发展,不仅改变了社会,也改变了世界。利用计算机的高速运算、大容量存储及信息加工能力,使得以前可望而不可及的信息处理成为现实,乃至许多工作如果离开了计算机就几乎无法完成。可以说,计算机加速了科学技术的现代化进程。

1.1.1　计算机的发展

计算工具的演变经历了手工时代、机械时代、机电时代、电子时代等不同阶段。1946年2月,计算工具进入电子时代,令世界瞩目的伟大科技成果就是世界上第一台电子计算机 ENIAC,全称为"电子数字积分计算机"(Electronic Numerical Integrator and Calculator)。它是由美国宾夕法尼亚大学的物理学教授约翰·莫齐利(John Mauchly)和他的研究团队为提高火炮弹道表的精确性和计算速度而研制的。这台计算机使用了18000支电子管,占地面积约170平方米,重达30吨,功耗为150 kW,其运算速度为5000次/秒。ENIAC的操作复杂,自动化程度低,没有最大限度地发挥电子技术所具有的潜力,由于它是世界上最早问世的第一台电子计算机,所以被认为是电子计算机的始祖。ENIAC的诞生,是计算机发展史上的一个里程碑。

1951年6月,约翰·莫齐利研究团队在ENIAC的基础上设计了"通用自动计算机"(Universal Automatic Computer,UNIVAC),该计算机被认为是第一代电子管计算机趋于成熟的标志。UNIVAC是计算机史上的第一台商用计算机,曾用于美国人口统计局的人口普查工作。UNIVAC的诞生标志着计算机进入了商业应用时代。

此后,各类计算机层出不穷,计算机技术以惊人的速度发展。按照电子器件的类型划分,可以把电子时代的计算机分为4代。

第1代:电子管数字机(1946—1958年)

硬件方面,逻辑元件采用的是真空光电管,主存储器采用汞延迟线、阴极射线示波管

静电存储器、磁鼓、磁芯。外存储器采用的是磁带。软件方面,采用的是机器语言、汇编语言。应用领域以军事和科学计算为主。缺点是体积大、功耗高、可靠性差、速度慢(一般为每秒数千次至数万次)、价格昂贵,但为以后的计算机发展奠定了基础。典型机型就是 ENIAC、UNIVAC、IBM。

第 2 代:晶体管数字机(1959—1964 年)

硬件方面,逻辑元件采用的是晶体管,主存储器采用磁芯存储器。外存储器采用的是磁带。软件方面,采用的是操作系统、高级语言及其编译程序。应用领域以科学计算和事务处理为主,并开始进入工业控制领域。特点是体积缩小、能耗降低、可靠性提高、运算速度提高(一般为每秒数 10 万次,可高达 300 万次),性能比第 1 代计算机有很大的提高。典型机型是 IBM-7090/7094。

第 3 代:集成电路数字机(1965—1970 年)

硬件方面,逻辑元件采用中、小规模集成电路(MSI、SSI),主存储器仍采用磁芯。软件方面,出现了分时操作系统以及结构化、规模化程序设计方法。特点是速度更快(一般为每秒数百万次至数千万次),而且可靠性有了显著提高,价格进一步下降,产品走向了通用化、系列化和标准化。应用领域开始进入文字处理和图形图像处理领域。典型机型是 IBM-379/360、PDP-11。

第 4 代:大规模集成电路计算机(1971 年至今)

硬件方面,逻辑元件采用大规模和超大规模集成电路(LSI 和 VLSI)。软件方面,出现了数据库管理系统、网络管理系统和面向对象编程语言等。1971 年世界上第一台微处理器在美国硅谷诞生,开创了微型计算机的新时代。应用领域从科学计算、事务管理、过程控制逐步走向家庭。由于集成技术的发展,半导体芯片的集成度更高,每块芯片可容纳数万乃至数百万个晶体管,并且可以把运算器和控制器都集中在一个芯片上,从而出现了微处理器,并且可以用微处理器和大规模、超大规模集成电路组装成微型计算机,就是人们常说的微电脑或 PC 机。一方面,微型计算机体积小,价格便宜,使用方便,但它的功能和运算速度已经达到甚至超过了过去的大型计算机;另一方面,利用大规模、超大规模集成电路制造的各种逻辑芯片,已经制成了体积并不很大,但运算速度可达一亿甚至几十亿次的巨型计算机。我国继 1983 年研制成功每秒运算一亿次的银河Ⅰ型巨型机以后,又于 1993 年研制成功每秒运算十亿次的银河Ⅱ型通用并行巨型计算机。这一时期还产生了新一代的程序设计语言以及数据库管理系统和网络软件等。

1.1.2　计算机的组成结构

计算机由硬件系统(Hardware System)和软件系统(Software System)两部分组成,如图 1-1 所示。硬件系统由运算器、控制器、存储器、输入设备、输出设备组成。软件系统由系统软件和应用软件组成。

硬件系统主要由中央处理器、存储器、输入输出控制系统和各种外部设备组成。中央处理器(Central Processing Unit,CPU)是对信息进行高速运算处理的主要部件,其处理速度可达每秒几亿次以上操作。存储器用于存储程序、数据和文件,常由快速的内存储器(容量可达数百兆字节,甚至数 G 字节)和慢速海量外存储器(容量可达数百 G 或数十 T 以上)组成。各种输入输出外部设备是人机间的信息转换器,实现外部设备与主存储器之间的信息交换。

软件分为系统软件和应用软件。系统软件由操作系统、设备驱动程序、编译程序等组成。操作系统实现对各种软硬件资源的管理控制。编译程序的功能是将用户用汇编语言或某种高级语言所编写的程序,翻译成机器可执行的机器语言程序。应用软件是指专门为解决某个应用领域内的具体问题而编制的程序,它借助系统软件来运行,是软件系统的最外层。

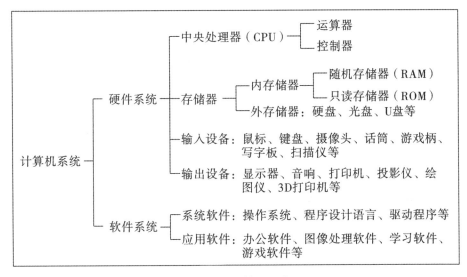

图 1-1 计算机系统

1.2 软件基础知识

计算机软件是指为方便使用计算机和提高使用效率而组织的程序及其相关文档。计算机软件总体上分为系统软件和应用软件两大类。

1.2.1 系统软件

系统软件由一组控制计算机系统并管理其资源的程序组成,其主要功能包括:启动计算机,存储、加载和执行应用程序,对文件进行排序、检索,将程序语言翻译成机器语言等。实际上,系统软件可以看作用户与计算机的接口,它为应用软件和用户提供了控制、访问硬件的手段,这些功能主要由操作系统完成。此外,编译系统和各种驱动程序也属于此类,它们从其他方面辅助用户使用计算机。下面分别介绍它们的功能。

1. 操作系统　操作系统(Operating System，简称 OS)是管理、控制和监督计算机软件、硬件资源协调运行的程序系统,由一系列具有不同控制和管理功能的程序组成,它是直接运行在计算机硬件上的最基本的系统软件,是系统软件的核心。操作系统是计算机发展中的产物,它的主要目的有:一是方便用户使用计算机,是用户和计算机的接口。比如用户键入一条简单的命令就能自动完成复杂的功能,这就是操作系统帮助的结果;二是统一管理计算机系统的全部资源,合理组织计算机工作流程,以便充分、合理地发挥计算机的效率。操作系统通常应包括下列五大功能模块。

(1)处理器管理:当多个程序同时运行时,解决处理器(CPU)时间的分配问题。

(2)作业管理:完成某个独立任务的程序及其所需的数据组成一个作业。作业管理的任务主要是为用户提供一个使用计算机的界面使其方便地运行自己的作业,并对所有进入系统的作业进行调度和控制,尽可能高效地利用整个系统的资源。

(3)存储器管理:为各个程序及其使用的数据分配存储空间,并保证它们互不干扰。

(4)设备管理:根据用户提出使用设备的请求进行设备分配,同时还能随时接收设备的请求(称为中断),如要求输出信息。

(5)文件管理:主要负责文件的存储、检索、共享和保护,为用户提供文件操作的方便。

操作系统的种类繁多,依据其功能和特性分为批处理操作系统、分时操作系统和实时操作系统等;依据同时管理用户数的多少分为单用户操作系统和多用户操作系统;还有适合管理计算机网络环境的网络操作系统。

计算机操作系统随着硬件技术的发展而发展,从简单到复杂。Microsoft 公司开发的 DOS 是一种单用户单任务系统,而 Windows 操作系统则是一种多用户多任务系统,经过十几年的发展,已从 Windows 3.1 发展为 Windows NT、Windows 2000、Windows XP、Windows 7、Windows 10、Windows 11 等。Windows 操作系统是计算机中广泛使用的操作系统之一。Linux 是一个源代码公开的操作系统,程序员可以根据自己的兴趣和爱好对其进行改变,这让 Linux 吸收了无数程序员的精华,不断壮大,也被越来越多的用户所采用,是 Windows 操作系统强有力的竞争对手。

2. 设备驱动程序　设备驱动程序(Device Driver),是一种可以使计算机和硬件设备进行相互通信的特殊程序。相当于硬件的接口,操作系统只有通过这个接口,才能控制硬件设备的工作,如果某个设备的驱动程序未能正确安装,该设备就不能正常工作。

在 Windows 操作系统中,需要安装主板、光驱、显卡、声卡、网卡等一套完整的驱动程序。如果需要外接别的硬件设备,则还需要安装相应的驱动程序,例如:外接游戏设备(比如手柄、方向盘、跳舞毯等)要安装相应的驱动程序,外接打印机要安装打印机驱动程序,上网或接入局域网要安装网卡、Modem(光猫)、路由器等相应的驱动程序。

1.2.2　应用软件

应用软件涉及应用领域的知识,并在系统软件的支持下运行。如财务管理系统、仓库管理系统、文字处理、电子表格、课件制作、图形图像处理、网络通信等软件。计算机的功能因为应用软件的存在而变得更加丰富。

1.应用软件分类 按照功能和软件结构的不同,应用软件也有不同的分类。

(1)从功能角度分类:从功能角度可分为视频软件、聊天工具、浏览器、办公软件等类别,如图 1-2 所示。

图 1-2 应用软件分类

(2)从软件结构角度分类:从软件结构角度可以分为单机软件、C/S 模式软件、B/S 模式软件、App、嵌入式软件和互联网及云计算时代下的软件。

1)单机软件:是指可以独立运行于一台计算机的软件。不需要网络支持,不需要专门的服务器便可以正常运行。常见的单机软件,如计算机系统中自带的计算器、画图软件、Office 办公软件、多媒体软件中的 Photoshop、网页制作工具中的 Dreamweaver 等都属于单机软件的范畴。图 1-3 展示了两种单机软件。

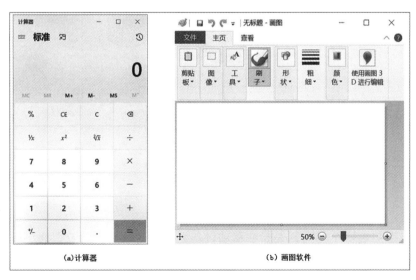

图 1-3 单机软件

2）客户端/服务器结构软件（C/S模式软件）：由客户端（Client）和服务器（Server）组成。客户端和服务器常常分别处在相距很远的两台计算机上，客户端程序的任务是将用户的要求提交给服务器程序，再将服务器程序返回的结果以特定的形式显示给用户。服务器程序的任务是接收客户端程序提出的服务请求，进行相应的处理，再将结果返回给客户端程序，如图1-4所示。腾讯QQ、微信、钉钉等都属于C/S模式软件。

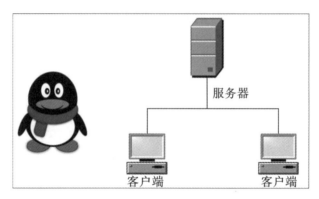

图1-4　C/S模式软件

3）浏览器/服务器结构软件（B/S模式软件）：由浏览器（Browser）和服务器（Server）组成。是Web兴起后的一种软件结构模式，Web浏览器是客户端最主要的应用软件。这种模式统一了客户端，将系统功能实现的核心部分集中到服务器上，简化了系统的开发、维护和使用。客户端只要安装一个浏览器即可使用相应功能，如图1-5所示。中国知网、网易邮箱等都是常用B/S模式软件。

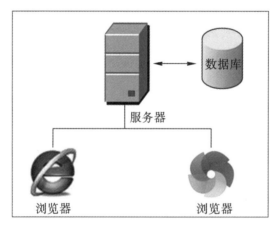

图1-5　B/S模式软件

4）移动客户端软件（App）：是指在移动设备上使用的软件。随着智能手机和平板电脑等移动终端设备的普及，人们逐渐习惯了使用App客户端软件来满足自己的工作、生活、娱乐的需求。图1-6展示了移动客户端软件分类。

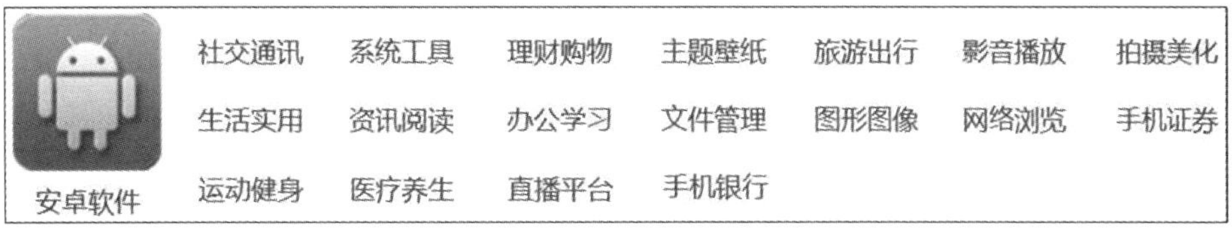

安卓软件
社交通讯 系统工具 理财购物 主题壁纸 旅游出行 影音播放 拍摄美化
生活实用 资讯阅读 办公学习 文件管理 图形图像 网络浏览 手机证券
运动健身 医疗养生 直播平台 手机银行

图 1-6 移动客户端软件分类

5）嵌入式软件：是指嵌入在硬件中的操作系统和工具软件。它在产业中的关联关系体现为：芯片设计制造→嵌入式系统软件→嵌入式电子设备开发、制造。嵌入式软件广泛应用于国防、工控、家用、商用、办公、医疗等领域，比如数码相机、机顶盒、医学诊疗仪器等都是用嵌入式软件技术对传统产品进行智能化改造的结果。图 1-7 展示了两种使用嵌入式软件的设备。

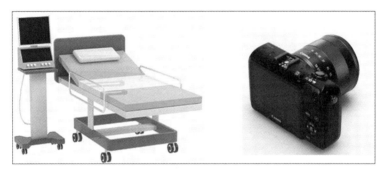

图 1-7 嵌入式软件设备

6）互联网及云计算时代下的软件：是指用户借助互联网和云计算就可以使用相关应用服务的软件。比如：使用 Office 的功能，在传统模式下，用户需要先得到 Office 软件的产品，安装完成后才能使用。而在云计算的模式下，用户只需要在浏览器中输入网址就可以进行阅读编辑等工作。还有百度地图、高德地图等通过云计算提供了很好的导航功能。图 1-8 展示了常用的互联网及云计算时代下的软件。

腾讯云
河南中医药大学(东明校区)
金水路
Baidu地图
文字编辑
演示文档
电子表格
Baihui Office
云时代办公解决方案
异地协作
自动保存
在线共享
离线编辑

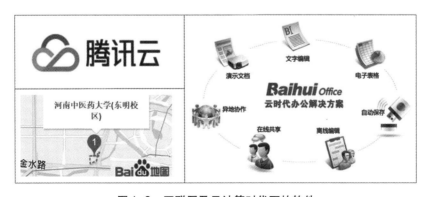

图 1-8 互联网及云计算时代下的软件

2. 常用软件简介 这里列举了工作、学习和生活中经常使用到的软件,在后续章节会对这些软件的功能和使用进行详细介绍。根据其不同的功能,下面进行分类阐述。

(1)安全防护软件:计算机安全防护软件是用于保护计算机系统免受恶意软件、网络攻击和其他安全威胁的程序,如腾讯电脑管家、火绒安全软件、360 防护软件集、瑞星杀毒软件等。图 1-9 展示的是腾讯电脑管家。

图 1-9 腾讯电脑管家

(2)文件与文件夹管理软件:文件与文件夹管理软件主要是对文件和文件夹的操作和管理,如 Windows 资源管理器、文件的压缩与解压缩、文件加密、文件管理和恢复等软件。WinRAR 是文件压缩与解压缩软件,easyrecover 是一款数据恢复软件。

(3)办公工具软件:办公工具软件在人们学习或工作中使用比较多,包括各类输入法软件、处理文档和电子表格等办公软件、各种阅读器、翻译工具、词典软件等。

(4)网络工具软件:网络工具软件可以实现对信息资源的搜索、下载、存储以及传输,涵盖了浏览器、下载工具、存储工具、通信软件、在线学习等多方面。人们经常使用的迅雷、百度网盘、QQ 邮箱、微信、百度地图等都属于网络工具软件。图 1-10 展示了常用的网络工具软件。

图1-10 常用网络工具软件

（5）图形图像处理工具软件：图形图像处理工具软件是指处理图形图像信息的各种应用软件，这类软件可以应用于图片管理、屏幕截图、图像处理、思维导图制作、智能绘图等功能。例如 ACDSee、FastStone Capture、光影魔术手、美图秀秀、Xmind、百度脑图等。图1-11展示了常用的图形图像工具软件。

图1-11 常用图形图像工具软件

（6）音视频处理工具软件：音视频处理工具软件是指处理音频和视频信息的各种应用软件，这类软件应用于音视频播放、声音采集、音频编辑、视频处理、格式转换等。例如 Audition、剪映、格式工厂等。

（7）手机管理工具软件：随着智能手机的快速发展，其应用也越来越广泛。智能手机与计算机一样,有相应的处理器、操作系统和应用软件。手机操作系统主要有 Android(安卓)、iOS(苹果)、HarmonyOS(华为鸿蒙系统)、BlackBerry OS(黑莓),以及一些基于 Android 定制的系统如 MIUI(小米)、ColorOS(OPPO)等。手机端应用软件主要是各种应用 App 和手机助手。

1.2.3 软件版本

软件版本主要包含以下几个方面的含义。

1. 按照用户对象的不同进行的版本分类　适用于不同用户就有不同的版本,例如 Windows 11 操作系统有以下版本。

(1)Win 11 家庭版(Windows 11 Home):供家庭用户使用,无法加入 Active Directory 和 Azure AD,不支持远程连接。

(2)Win 11 专业版(Windows 11 Pro):供小型企业使用,在家庭版基础上增加了域账号、Bit locker 加密、支持远程连接、企业商店等功能。

(3)Win 11 企业版(Windows 11 Enterprise):供中大型企业使用,在专业版基础上增加了 Direct Access,AppLocker 等高级企业功能。

(4)Win 11 教育版(Windows 11 Education):供学校使用(学校职员、管理人员、老师和学生)其功能几乎和企业版一样,只是针对学校或教育机构授权而已。

微软官方商城可以看到 Windows 11 的版本介绍和比较,以及购买链接。图 1-12 展示了 Windows 11 家庭版和专业版的简介。

图 1-12　Windows 11 家庭版和专业版简介

2. 按照软件功能的更新进行的版本分类　软件产品投入使用以后,需要做出较大的修正、纠错、增强或提高性能,从而产生了不同的版本。比如 Office 就有 Office 2013、Office 2019 等版本。

3. 按照软件使用的语言进行的版本分类　软件的版本可以分为简体中文版、繁体中文版、英文版等。

4. 按照软件是否免费进行的版本分类　可以分为免费版和收费版。有些软件厂商通过提供一些免费软件来提高在用户中的好感度和黏着度。多数免费软件的功能是有限制,想要实现更多的应用则需要用户购买收费的功能。收费版的软件一般会有试用期,用户在试用期内可以免费使用软件,但是试用期结束后就不能再继续使用了,若想继续使用该软件,就必须付费了。

1.3 软件的获取、安装与卸载

安装软件首先要获取这些软件的安装文件。软件的安装不仅取决于计算机硬件配置、操作系统,还与应用软件的类型有关。因此,在获取软件之前,首先需要确定软件的配置需求和当前的计算机配置是否匹配。

例如,希望在计算机中安装 Windows 11,可否?图 1-13 展示了安装 Windows 11 的最低系统要求。用户可以查看一下自己计算机的基本信息,如图 1-14 所示。

安装 Windows 11 的最低系统要求	
处理器	1 GHz 或更快的**支持 64 位的处理器**(双核或多核)或系统单芯片 (SoC)。
内存	4 GB。
存储	64 GB 或更大的存储设备。
系统固件	支持 UEFI 安全启动。
TPM	**受信任的平台模块 (TPM)** 2.0 版本。
显卡	支持 DirectX 12 或更高版本,支持 WDDM 2.0 驱动程序。
显示器	对角线长大于 9 英寸的高清 (720p) 显示屏,每个颜色通道为 8 位。

图 1-13 Windows 11 的最低系统要求

图 1-14 计算机的基本信息

1.3.1 软件的获取

软件可以通过多种方式获取。

1.通过官方网站下载　大多数应用软件都有官方网站,而且会将软件的试用版、测试版或正式版放到网站上,供用户免费下载。比如 https://www.360.cn 是 360 系列产品的官方网站,可以很方便地从该网站下载 360 产品的各种版本,如图 1-15 所示。

图 1-15　360 官网下载页面

2.通过第三方平台下载　除了官方网站之外,还存在很多第三方网站提供软件的下载。比如"QQ",除了可以选择从腾讯官网下载之外,也可以选择 360 软件宝库(如图 1-16 所示)、百度软件中心、太平洋下载、下载之家和 PC 下载网等进行下载。

图 1-16　360 软件宝库

3.购买软件　用户可以在官方网站或者零售商处购买各类软件的电子版或者授权许可序列号。图 1-17 展示的是微软官方商城上售卖 Office 产品,图 1-18 展示的是京东商城上售卖 Office 产品密钥。

图 1-17 微软官方商城

图 1-18 京东商城

4. 预装软件 预装软件是指在电脑、手机或其他设备出厂前,生产厂家就安装的一些常用软件或功能。这些软件通常由设备制造商及其合作伙伴提供,旨在增强用户使用设备的体验感和便利性。图 1-19 展示了手机预装软件和电脑预装软件。

（a）手机预装软件   （b）电脑预装软件

图 1-19 预装软件

5. 购买硬件时获得   购买一些设备时,生产厂家通过光盘或者官方网站提供硬件的
驱动程序软件。最常见就是打印机,使用打印机的电脑或者手机需要安装驱动程序,一
般都由打印机厂家提供。如图 1-20 所示。

图 1-20 打印机驱动程序

　　总之,可以通过多种方式获取软件安装文件,获取的安装文件也有不同的类型。常见的类型有 exe 类型(双击即可开始安装)、rar 或 zip 压缩文件类型(需要解压缩后找到相应的 exe 文件安装)、iso 类型(镜像文件,通过虚拟光驱或者解压缩安装),如图 1-21 所示。

图 1-21　安装文件的类型

1.3.2　软件的安装

　　1. 从 CD 或 DVD 安装程序　将光盘插入计算机光驱,然后按照屏幕上的说明操作。从 CD 或 DVD 安装的许多程序会自动启动程序的安装向导。如果程序不能自动开始安装,则检查程序附带的信息。该信息会提供手动安装该程序的说明。如果无法访问该信息,还可以浏览整张光盘,然后打开程序的安装文件(通常为 Setup. exe 或 Install. exe)。

　　2. 从 Internet 安装程序(官方网站或第三方平台)　在 Web 浏览器中,点击指向程序的链接。然后执行下列操作之一。

　　(1)若要立即安装程序,可点击"直接打开"或"运行",然后按照屏幕上的指示进行操作。

　　(2)若要以后安装程序,可点击"保存",然后将安装文件下载到计算机。做好安装该程序的准备后,双击该文件,并按照屏幕上的指示进行操作。如果下载的是压缩的安装包,需要解压缩后运行安装文件,按照提示操作,完成安装。

　　3. 第三方工具安装程序　通过第三方工具可以实现软件的安装、升级和卸载。如图 1-22所示,360 软件管家可以实现此功能。

图 1-22　360 软件管家

4. 从安装文件直接安装 下载的软件安装文件夹通常包含：exe 形式的可执行性文件，dll 形式的支持程序和 txt、bmp、hlp 等形式的数据文件。点击 exe 形式的可执行性文件即可进行安装。在点击"安装"后，就会运行一个自动化部署程序，从而完成软件的安装过程。图 1-23 展示了安装文件信息。

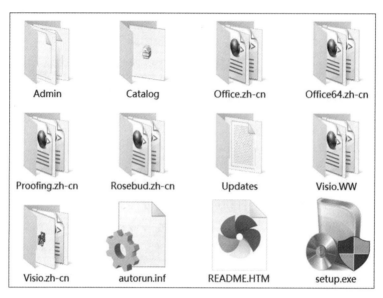

图 1-23　安装文件信息

安装注意事项：软件安装时选项较多，除了选择安装类型和安装路径外，部分软件可能增加某些附加项或者附加软件，建议多观察软件的各类安装选项，选择合适的选项进行软件安装。

以腾讯电脑管家软件为例，以下介绍其安装过程。

（1）选择官网下载。在浏览器中输入网址（https://guanjia.qq.com/），点击"立即下载"按钮，如图 1-24 所示。

图 1-24　腾讯电脑管家下载界面

（2）软件下载完成后，在下载位置双击文件进入安装界面，如图1-25所示。

图1-25 软件安装

（3）点击"一键安装"，按照操作提示即可完成安装。

1.3.3 软件的卸载

卸载软件的方法有多种，具体取决于软件的类型和安装位置，切勿直接删除软件。Windows 操作系统中常用的软件卸载方法有以下几种。

1. 控制面板中软件卸载 打开"控制面板"→"程序"→"程序和功能"，选中要卸载的程序点击右键，选择"卸载/更改"实现卸载。如图1-26所示。

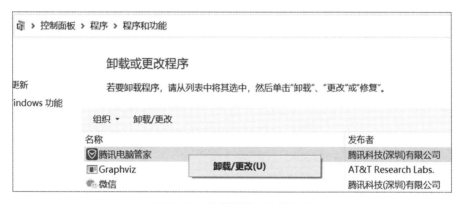

图1-26 控制面板中软件卸载

2. 利用软件自带卸载工具卸载 点击"开始"→"程序"，点击列表中的"卸载"按钮即可。如图1-27所示。

图 1-27 "开始"菜单中软件卸载

3. 利用第三方平台卸载 卸载软件也可以借助第三方平台来完成,比如用 360 软件管家或者腾讯电脑管家都可以方便地卸载软件,还可以清除或粉碎一些删除不掉的软件残留。如图 1-28 所示。

图 1-28 软件管家中软件卸载

1.3.4 软件的升级与更新

软件升级与更新是软件生命周期中至关重要的环节,它涉及软件性能的提升、功能的扩展、安全性的增强以及兼容性的优化。

软件升级是指在原有版本的基础上,通过增加新功能、优化性能、修复漏洞等方式,提升软件的整体实力。升级通常是针对整个软件产品的。软件更新是指对软件进行小范围的技术调整或修复,以解决现有版本中存在的问题,提高软件的稳定性和可靠性。更新主要针对软件的某个版本。

软件发行商通常会通过多种方式提醒用户升级或者更新,用户可以选择收到提醒和更新的方式。也有一些软件提供了自动更新的选项,这样就可以定期地访问软件发行商的网站来检查软件更新,并自动下载更新,然后自动地将更新安装到计算机中。用户也可以通过第三方平台的系统修复和软件升级等功能实现软件的升级与更新。如图1-29和图1-30所示。

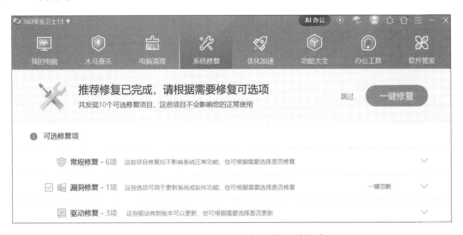

图 1-29 360 安全卫士中的系统修复

图 1-30 360 软件管家中的软件升级

1.4 软件知识产权

知识产权是指人类智力劳动产生成果的所有权。各国法律赋予符合条件的著作者、发明者或成果拥有者在一定期限内享有的独占权利。软件作为一种智力成果也具有知识产权。

20世纪60年代,计算机软件侵权的现象逐渐凸显,从20世纪70年代后期开始,随着人们对计算机软件本身所具有的作品性、易复制性等特性的认识,再加上国际社会的推动,采用著作权(版权)保护计算机软件就成了国际潮流。

1.法律途径　通过申请发明专利或软件著作权来保护软件的所有权,如图1-31所示。

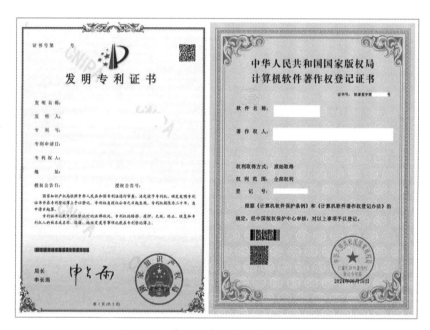

图1-31　专利证书和软件著作权证书

2.技术途径　收费软件一般会通过源代码加密、序列号和激活码、硬件加密等方式来控制软件的使用权限,如图1-32所示。

图1-32　密钥或密码锁加密

不同的软件一般都有对应的软件许可,使用者必须在同意许可证的情况下才可以合法的使用软件。当然,软件的许可条款也不能够与法律相抵触。未经软件版权所有者许可的软件拷贝将会引发法律纠纷,一般情况下,购买和使用这些盗版软件也是违法的。

1.5　练习题

1. 简述计算机系统的组成。
2. 哪些软件属于系统软件?
3. 常用的应用软件有哪些?
4. 应用软件的获取方式有哪些?
5. 关于软件知识产权应该注意哪些事项?

第二章 计算机安全防护

随着计算机的广泛应用,日常的安全隐患和网络病毒时刻威胁着计算机的安全,造成系统无法正常运行、内容丢失、计算机设备的损坏等。本章主要介绍了计算机安全基础知识、网络安全工具以及计算机系统测试与优化工具。

2.1 计算机安全基础

计算机安全,又称为网络安全或信息安全,是指保护计算机系统、网络、程序和数据不受攻击、损害或未经授权的访问。

2.1.1 计算机病毒

计算机病毒,是一种人为编制的、对计算机具有破坏作用的程序,它能够自主复制并传播到其他计算机或文件上,从而造成损害或干扰计算机的正常运行。

1.计算机病毒的主要特征

(1)繁殖性:当正常程序运行的时候,它能够复制自身,通过各种方式传播到其他计算机或文件。

(2)破坏性:计算机中毒后,可能会损坏文件、数据或系统,甚至导致系统崩溃。

(3)传染性:病毒被复制或产生变种,其速度之快让人难以预防。

(4)潜伏性:病毒可能在特定的日期或条件下被激活,执行其破坏性行为。

(5)隐蔽性:病毒通常隐藏在程序或文件中,很难察觉它们的存在。

(6)多样性:病毒可以通过电子邮件附件、下载的文件、可移动介质(如 USB 驱动器)、网络共享等方式传播。

(7)变种性:病毒的编写者可能会不断更新病毒代码,产生新的变种,以逃避检测和清除。

(8)风险性:病毒可能用作其他恶意活动的载体,如窃取敏感信息、安装后门等。

2.计算机感染病毒后的"症状" 如果计算机感染了病毒,计算机可能会出现的症状:系统运行缓慢、导致系统频繁崩溃或重启、导致数据丢失或损坏、可能会窃取个人信息、系统设置被更改、会加密文件、系统日志中可能会出现大量异常记录、硬件故障假象、资源管理器可能会显示异常的进程或文件等。

3.预防计算机病毒 在使用计算机的过程中,掌握预防计算机病毒的方法,可以有效地降低计算机感染病毒的概率。如安装防病毒软件、定期更新系统和软件、使用防火墙、从可信赖的来源下载软件和文件、谨慎打开附件和链接、定期备份数据、使用强密码、提高网络安全认识等。

2.1.2　系统补丁

系统补丁是用来修正操作系统漏洞的程序，通过安装相应的补丁软件，补充系统中的漏洞，杜绝同类型病毒的入侵，常见的系统补丁如图 2-1 所示。

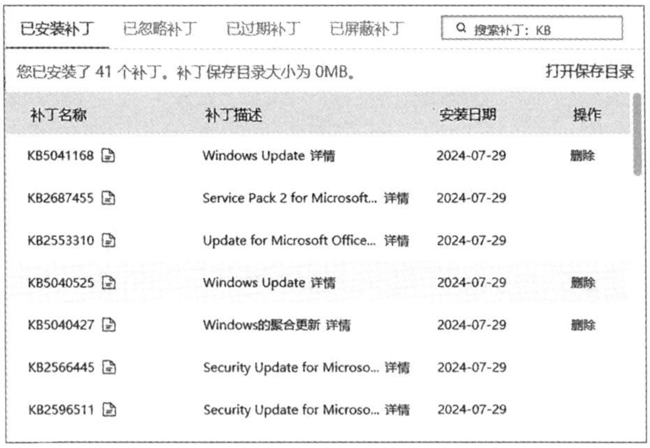

已安装补丁
已忽略补丁
已过期补丁
已屏蔽补丁
搜索补丁：KB
您已安装了 41 个补丁。补丁保存目录大小为 0MB。
打开保存目录
补丁名称
补丁描述
安装日期
操作
KB5041168　Windows Update 详情　2024-07-29　删除
KB2687455　Service Pack 2 for Microsoft... 详情　2024-07-29
KB2553310　Update for Microsoft Office... 详情　2024-07-29
KB5040525　Windows Update 详情　2024-07-29　删除
KB5040427　Windows的聚合更新 详情　2024-07-29　删除
KB2566445　Security Update for Microso... 详情　2024-07-29
KB2596511　Security Update for Microso... 详情　2024-07-29

图 2-1　常见系统补丁

系统补丁及时更新是维护计算机安全的关键措施，具体方法如下：

(1)启用自动更新。许多操作系统和应用程序都提供了自动更新功能。确保启用这些功能，以便系统能够自动下载和安装最新的补丁。Windows 10 专业版操作系统的设置方法：点击任务栏“开始”→“设置”；在 Windows 设置页面中点击“更新和安全”，如图 2-2所示。

设置
Windows 设置
查找设置
系统
显示、声音、通知、电源
设备
蓝牙、打印机、鼠标
移动设备
连接 Android 设备和 iPhone
网络和 Internet
WLAN、飞行模式、VPN
个性化
背景、锁屏、颜色
应用
卸载、默认值
帐户
你的帐户、电子邮件、同步设置、工作、其他人员
时间和语言
语音、区域、日期
游戏
Game Bar, 捕获, 游戏模式
轻松使用
讲述人、放大镜、高对比度
搜索
查找我的文件、权限
隐私
位置、摄像头、麦克风
更新和安全
Windows 更新、恢复、备份

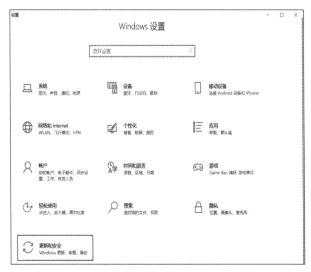

图 2-2　更新和安全

在"Windows 更新"选项卡中,右侧界面显示当前更新状态。在更新设置中有"在最新更新可用后立即获取""暂停更新 7 天""更改使用时段""查看更新历史记录""高级选项"等。在"在最新更新可用后立即获取"选项中,将开关设置为"开",如图 2-3 所示。

图 2-3　设置自动更新

(2)定期检查更新。如果自动更新不可用或需要手动操作,应定期(例如每周或每月)检查操作系统和应用程序的更新。

点击"检查更新",如果有任何更新可供使用,将下载并安装它们。如果系统提示执行此操作,请重启设备以应用更新。如果想要了解有关已安装更新的系统详细信息,请选择"查看更新历史记录"。

(3)监控更新通知。订阅软件供应商的安全通知,以便在发布新补丁时及时获得通知。

(4)使用第三方安全工具。使用第三方安全工具来扫描系统,检测缺失的补丁,并提供安装指导。

2.1.3　防火墙

防火墙是一种网络安全系统,用于监控和控制进出网络的流量。它的主要目的是保护网络免受未经授权的访问和潜在的网络攻击。防火墙可以是硬件、软件或者两者的组合,通常部署在网络的边界上,以保护内部网络不受外部威胁的侵害。防火墙可以有效地防止未授权访问、阻止恶意软件传播、限制数据泄露等,是网络安全的重要组成部分。大多数个人电脑操作系统都提供了自带的防火墙功能,如 Windows 操作系统、Mac 操作系统都提供防火墙等。启用操作系统自带的防火墙是保护个人电脑安全的基本步骤。

1. 启用 Windows 防火墙　Windows 安全中心是查看和管理设备安全性和运行状况的页面。在"Windows 安全中心"选项卡中,右侧界面显示的是 Windows 安全中心的保护区域,点击"防火墙和网络保护",如图 2-4 所示。

图2-4　防火墙和网络保护

在防火墙和网络保护设置页面,选择域网络、专用网络、公用网络,点击"打开"。如图 2-5所示。

图2-5 选择网络选项

在网络选项页面,开启"Microsoft Defender 防火墙"开关即可,如图 2-6 所示。

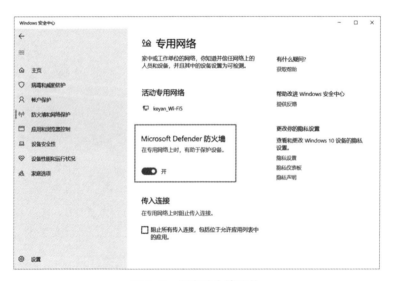

图2-6 开启防火墙开关

2. 使用第三方防火墙软件 除了操作系统自带的防火墙,还可以安装第三方防火墙软件,如 Windows 系统中的 Norton 防火墙、Mac 系统中的 Little Snitch 等。这些软件通常提供更多的特性和定制选项,可以提供更强大的保护和管理能力。使用第三方防火墙软件时应先关闭操作系统自带的防火墙,以免产生冲突和干扰。

3. 定期更新和维护防火墙 定期更新操作系统、安全补丁和防火墙软件以获取最新的防护能力。此外,定期审查和更新防火墙规则,删除不再需要的规则和不必要的网络连接,也是保持防火墙有效的重要步骤。

2.2 计算机安全防护软件

计算机安全防护软件是用于保护计算机系统免受恶意软件、网络攻击和其他安全威胁的程序,本节介绍一些常见的计算机安全防护软件,主要有腾讯电脑管家、火绒安全软件、360 防护软件集、卡巴斯基、瑞星等。

2.2.1 腾讯电脑管家

腾讯电脑管家是由深圳市腾讯计算机系统有限公司推出的一款免费的电脑安全管理软件,具有杀毒、清理、优化、加速等功能,拥有安全云库、系统加速、一键清理、实时防护、网速保护、电脑诊所等功能,依托腾讯安全云库、自主研发反病毒引擎"鹰眼"及 QQ 账号全景防卫系统,能查杀各类计算机病毒。首页如图 2-7 所示。

图 2-7 腾讯电脑管家页面

1. 基本功能

(1)杀毒功能:腾讯电脑管家集成了多款优秀的杀毒引擎,包括 QQ 威胁检测、管家威胁检测和金山毒霸等,可以快速识别和清除病毒、木马等恶意程序。同时,腾讯电脑管家还提供了实时监控功能,可以实时检测和防御病毒入侵。

(2)清理功能:腾讯电脑管家具有强大的清理功能,可以清理系统垃圾、缓存、多余文件、临时文件等,释放磁盘空间,提高系统运行速度。

(3)优化功能:腾讯电脑管家可以进行系统优化,包括加速、启动项管理、系统盘瘦身等,提高系统性能和稳定性。

（4）加速功能:腾讯电脑管家可以清理不必要的后台程序和进程,提高系统响应速度和运行效率。

（5）其他功能:腾讯电脑管家还提供了很多其他实用的功能,例如文件粉碎、文件恢复、隐私保护等,提供更加全面的电脑安全保障。

2. 主要功能模块

（1）安全防护:电脑管家能够快速全面地检查计算机存在的风险,检查项目主要包括潜在风险软件、高危漏洞、病毒木马、异常项。发现风险后,通过电脑管家提供的修复和优化操作,能够消除风险和优化计算机的性能。电脑管家提供两种扫描方式:全盘扫描和自定义扫描,其中自定义扫描可以对指定位置进行安全扫描,排查潜在风险软件及木马病毒,如图 2-8 所示。

图 2-8　自定义扫描

（2）空间清理:空间清理提供一键清理、C 盘清理、软件搬家和软件卸载等功能,如图 2-9所示。

一键清理:一键扫描系统垃圾、软件垃圾、隐私痕迹,无用插件,深度清理释放空间。

C 盘清理:全盘扫描虚拟内存、更新缓存、聊天文件、下载文件,快速释放 C 盘空间。

软件搬家:电脑使用过一段时间后,由于硬盘分区的不合理,会导致部分磁盘空间紧张,而有些又显得空闲。可以使用腾讯电脑管家的软件搬家功能,将空间占用较大的软件转移到其他分区,释放存储空间。

软件卸载:智能判断卡慢软件,管理不受欢迎、最近安装、很久没用的以及占用空间较大的软件,卸载后快速清理软件残留,快速释放空间。

图2-9　空间清理

（3）权限管理：权限管理是一个能自主掌控和管理电脑软件行为的工具，针对开机启动项、弹窗拦截、软件安装提示等选项进行检测，用户自行选择允许或阻止，如图2-10所示。

图2-10　权限管理

开机启动项：管理开机启动项、系统服务项，实时更新软件状态，了解软件启动详情。
软件弹窗拦截：广告弹窗自动拦截，更清晰地了解软件弹出详情，无打扰更清净。

软件安装提示:拦截未经允许软件,远离静默、捆绑、推装烦恼。

(4)软件市场:软件市场提供海量正版软件,可进行软件的安装、更新及卸载,如图2-11所示。

图2-11　软件市场

(5)其他功能

电脑诊所:可以深度修复电脑问题,拥有各类常见电脑问题及解决方案,只需点击对应的问题,即可一键完美修复,如图2-12所示。

图2-12　电脑诊所

安全工具和安全配置:如系统急救箱、系统漏洞修复、文件粉碎、文档守护者、系统加固、软件检测、网页安全、外设检测、接受和发起远程等。

(6)设置中心:通过设置中心可以对电脑管家的各项功能进行设置,如图2-13所示。

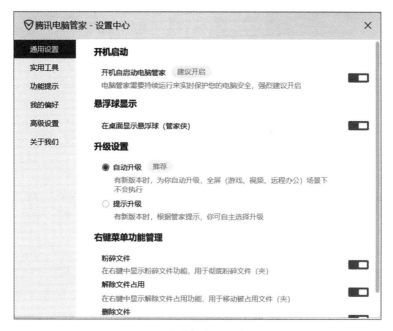

图2-13 电脑管家设置中心页面

2.2.2 其他安全防护工具

1.360防护软件集 360防护软件集包括电脑体检、木马查杀、清理插件、修复漏洞、清理垃圾、清理痕迹、系统修复等多种功能,并具有木马防火墙、开机加速、垃圾清理等多种系统优化功能。内含的360软件管家还可轻松下载、升级和强力卸载各种应用软件,并且还提供多种实用工具来解决电脑问题和保护系统安全。

(1)360安全卫士:360安全卫士拥有查杀木马、清理插件、修复漏洞、电脑体检、电脑救援、保护隐私、电脑专家、清理垃圾、清理痕迹多种功能。360安全卫士独创了木马防火墙、360密盘等功能,依靠抢先侦测和云端鉴别,可全面、智能地拦截各类木马,保护账号、隐私等重要信息。软件首页如图2-14所示。

图 2-14 360 安全卫士

（2）360 杀毒软件：360 杀毒软件是 360 安全中心出品的一款免费的云安全杀毒软件。它创新性地整合了五大领先杀引擎，包括国际知名的 BitDefender 病毒查杀引擎、Avira（小红伞）病毒查杀引擎、360 云查杀引擎、360 主动防御引擎，以及 360 第二代 QVM 人工智能引擎。360 杀毒具有查杀率高、资源占用少、升级迅速等优点。其防杀病毒能力得到多个国际权威安全软件评测机构认可，荣获多项国际权威认证。软件首页如图 2-15 所示。

图 2-15 360 杀毒软件

2. 火绒安全软件　火绒安全软件是一款免费的杀防管控一体的安全软件,可以显著提升 PC 系统应对安全问题时的防御能力,拥有简洁的界面、丰富的功能和很好的体验。特别针对国内安全趋势,自主研发高性能反病毒引擎,由前瑞星核心研发成员打造,拥有多年网络安全经验。与其他杀毒软件不一样的是火绒安全软件安装包极其小巧,不会占用过多内存空间,同时软件不捆绑任何流氓插件和广告弹窗影响体验,绝对的清爽纯净,受到广大的网友好评。

3. 瑞星杀毒软件　瑞星杀毒软件(Rising Antivirus,简称 RAV)采用获得欧盟及中国专利的六项核心技术,形成全新软件内核代码。具有八大绝技和多种应用特性,是目前国内外同类产品中最具实用价值和安全保障的杀毒软件产品之一。2011 年 3 月 18日,国内信息安全厂商瑞星公司宣布,从即日起其个人安全软件产品全面、永久免费,免费产品包括瑞星全功能安全软件、杀毒软件、防火墙、账号保险柜、加密盘、软件精选、安全助手等瑞星所有个人软件产品。

4. 卡巴斯基　卡巴斯基是一款来自俄罗斯的杀毒软件。该软件能够保护家庭、工作站、邮件系统和文件服务器以及网关。除此之外,还提供集中管理工具、反垃圾邮件系统、个人防火墙和移动设备的保护,包括 Palm 操作系统、手提电脑和智能手机。

5. 金山毒霸　金山毒霸(Kingsoft Antivirus)是金山网络旗下研发的云安全智扫反病毒软件,融合了启发式搜索、代码分析、虚拟机查毒等经业界证明成熟可靠的反病毒技术,使其在查杀病毒种类、查杀病毒速度、未知病毒防治等多方面达到先进水平,同时金山毒霸具有病毒防火墙实时监控、压缩文件查毒、查杀电子邮件病毒等多项先进的功能。

2.3　系统测试与优化工具

通过测试硬件性能,可以了解计算机系统存在的"瓶颈",合理配置计算机或方便以后升级;根据测试给出的测试结果,合理优化硬件;还可以了解计算机有多大的"能耐",从而按照实际情况来使用计算机。目前有许多优秀的系统性能测试软件工具,通过简单的操作就获取到计算机的相关信息,如 CPU 信息、主板信息、内存信息等。

计算机操作系统使用时间长了就会出现很多的"系统垃圾",系统的运行速度会变得很慢,影响使用效率,这时就需要对系统进行优化。系统环境的优化主要是指操作系统的优化和各种硬件设备的优化,其优化的方法有两种:一种是通过手工优化;另一种是通过使用第三方的系统优化软件,如"Windows 优化大师"等软件来进行优化。

2.3.1　系统测试工具

1. 鲁大师　鲁大师是国内一款专业的硬件检测工具,能轻松辨别计算机硬件的真伪,主要功能包括查看计算机硬件配置、测试计算机性能、实时检测硬件温度以及计算机驱动的安装与备份等,如图 2-16 所示。

图2-16　鲁大师

(1)电脑综合性能评分:鲁大师的性能测试功能用来全面测试电脑性能,包括处理器测试、显卡测试、内存测试和磁盘测试,测试后会有评分,评分越高说明电脑的性能越好,下面介绍电脑性能测试的操作方法。

启动并运行鲁大师软件,选择"硬件评测"选项卡,点击"开始评测"或"再次评测"按钮,如图2-17所示。

图2-17　硬件评测

进入检测界面,系统会自动依次对 CPU 性能、显卡性能、内存性能和硬盘性能进行测试,如图 2-18 所示。

图 2-18 "硬件评测"功能执行中

完成测试后,可显示电脑的综合性能、处理器性能、显卡性能、内存性能和硬盘性能的评分,如图 2-19 所示。

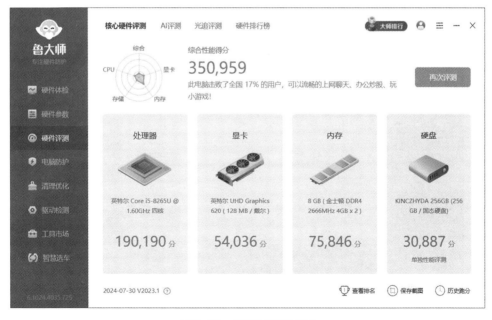

图 2-19 "硬件评测"结果

（2）电脑硬件信息检测：使用鲁大师进行硬件信息检测，会显示计算机的硬件配置信息，可以检测硬件信息：处理器信息、主板信息、内存信息、硬盘信息、显卡信息、显示器信息、光驱信息、网卡信息、声卡信息、键盘和鼠标信息等。

点击"硬件参数"按钮，选择准备进行检测的硬件选项卡，例如总览、处理器、内存、显卡、主板、显示器、硬盘、网卡、电池和其他，即可查看硬件信息，如图2-20所示。

图2-20 "硬件参数"结果

硬件信息检测后，点击右下角的"保存截图"或者"生成报告"选项卡，可以将信息保存为图片、生成详细报告或装机电脑清单，如图2-21所示。

图2-21 生成报告

（3）电脑防护：电脑长时间工作后可能会出现温度稍高的问题，鲁大师可以对电脑的硬件信息进行清晰的检测，从而进行温度管理。

启动并运行鲁大师软件，选择"电脑防护"选项卡，进入"硬件防护"界面，可以看到电脑各个硬件的温度以及散热情况。开启右侧的"高温报警"，当温度过高时，系统会进行报警提示。"节能降温设置"有三种降温模式供选择：智能降温、全面节能和关闭，可以根据需要进行选择，如图 2-22 所示。

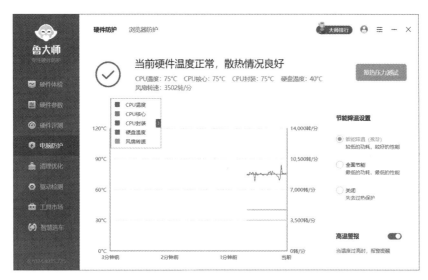

图 2-22　节能降温设置

（4）清理优化：清理优化包含清理电脑垃圾、大文件整理、软件搬家、微信专清和 QQ 专清等功能，如图 2-23 所示。

图 2-23　清理优化

2.硬件测试软件 电脑的主要用途有视频播放、图片处理、学习办公以及访问互联网等,对以上应用进行检测,可以判断电脑性能是否满足使用要求。硬件检测软件主要是对计算机各硬件的相关信息进行检测,无须打开机箱查看实物,即可了解各硬件的型号、运行频率等信息。

(1)CPU-Z:CPU-Z 是一款常见的 CPU 测试软件,CPU-Z 支持的 CPU 种类相当全面,软件的启动速度及检测速度也很快,另外它还可以检测主板和内存的相关信息,其中就有常用的内存双通道检测功能。

CPU-Z 的使用方法见二维码。

(2)HD Tune Pro:HD Tune Pro 是一款小巧易用的硬盘工具软件,其主要功能包括硬盘传输速率检测、健康状态检测、温度检测以及磁盘表面扫描存取时间、CPU 占用率检测,另外还能检测出硬盘的固件版本、序列号、容量、缓存大小以及当前的 Ultra DMA 模式等。

HD Tune Pro 的使用方法见二维码。

(3)DisplayX:DisplayX 通常被叫做显示屏测试精灵。显示屏测试精灵是一款小巧的显示器常规检测软件和液晶器坏点、延迟时间检测软件,它可以在微软 Windows 全系列系统中正常运行。

DisplayX 的使用方法见二维码。

(4)MemTest:MemTest 是一款内存检测软件,可以检测内存的稳定度,它可以通过长时间运行彻底检测内存的稳定性,同时检测内存的存储与检索数据的能力,显示内存的可靠性。

MemTest 的使用方法见二维码。

| CPU-Z | HD Tune Pro | DisplayX | MemTest |
| 使用方法 | 使用方法 | 使用方法 | 使用方法 |

2.3.2 系统优化软件

1.注册表 Windows 的注册表存储当前系统的软硬件的有关配置和状态信息,以及应用程序和资源管理器外壳的初始条件、首选项和卸载数据,还包括计算机的整个系统的设置和各种许可,文件扩展名与应用程序关联,硬件的描述、状态和属性,以及计算机性能记录和底层的系统状态信息,以及各类其他数据。每次启动时,会根据计算机关机时创建的一系列文件创建注册表,注册表一旦载入内存,就会被一直维护着。

注册表可通过点击任务栏"开始",在搜索框里键入"regedit"或"注册表"进行搜索,然后从搜索结果中选择注册表编辑器或 regedit 选项即可打开注册表编辑器,如图2-24所示。

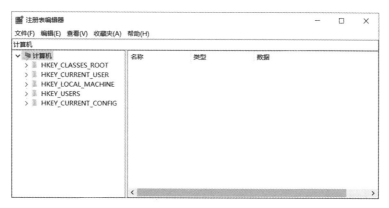

图 2-24　注册表编辑器

2. Windows 优化大师　Windows 优化大师是一款计算机清理优化工具,使用 Windows 优化大师能够有效地了解计算机软硬件信息,为系统提供全面有效、简便安全的优化,让电脑始终保持在最佳状态。

(1)磁盘缓存优化:磁盘缓存优化,是指对 Windows 的磁盘缓存空间进行人工设定来减少系统计算磁盘缓存空间的时间,保证其他程序对内存的需求,节省大量的等待时间,起到性能提升的作用。

启动并运行 Windows 优化大师,点击"系统优化"→"磁盘缓存优化",拖动右侧窗口的滑块,设置输入输出缓存大小和内存性能配置,根据需求选择复选框,点击"优化"按钮,如图 2-25 所示。

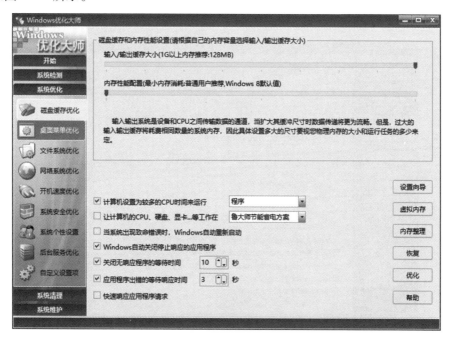

图 2-25　磁盘缓存优化

（2）桌面菜单优化：使用 Windows 优化大师可以很方便地设置向导优化桌面菜单。

点击"系统优化"→"桌面菜单优化"，调节右侧窗口上方的滑块，分别设置开始菜单速度、菜单运行速度和桌面图标缓存，点击"设置向导"按钮，如图 2-26 所示。

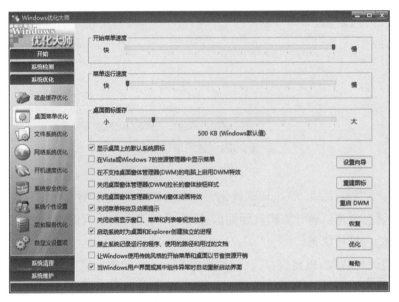

图 2-26　桌面菜单优化

（3）文件系统优化：使用 Windows 优化大师的优化文件系统功能，可以优化文件类型、CD/CDROM 的缓存文件和预读文件、交换文件和多媒体应用程序并加快软驱的读写速度。

点击"系统优化"→"文件系统优化"，点击"设置向导"按钮，如图 2-27 所示。

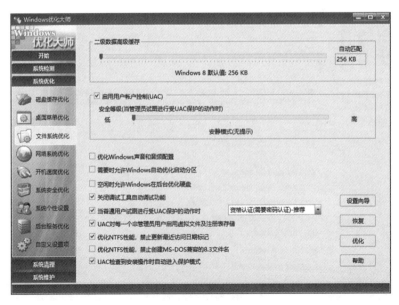

图 2-27　文件系统优化

(4)网络系统优化:使用 Windows 优化大师的优化网络系统功能,可以对 Windows 的各种网络参数进行优化。

点击"系统优化"→"网络系统优化",点击"设置向导"按钮,如图 2-28 所示。

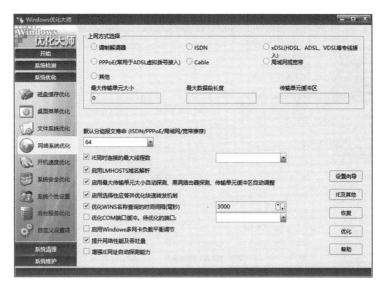

图 2-28　网络系统优化

(5)开机速度优化:如果电脑开机速度缓慢,运行不流畅,可以使用 Windows 优化大师优化开机速度,使不需要的项目开机不自动运行。

点击"系统优化"→"开机速度优化",在"启动信息停留时间"区域中拖动滑块,设置启动信息的快慢速度,在滑块下方的区域中,根据需求选择优化选项,点击"优化"按钮,如图 2-29 所示。

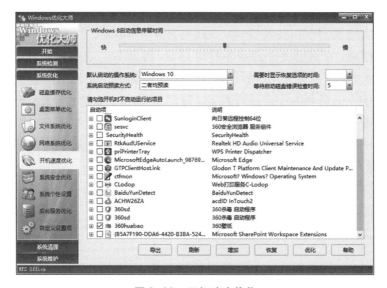

图 2-29　开机速度优化

（6）系统安全优化：使用 Windows 优化大师可以使系统更加安全优化。点击"系统优化"→"系统安全优化"，在"分析及处理选项"区域选择准备分析处理的复选框，点击"分析处理"按钮，如图 2-30 所示。

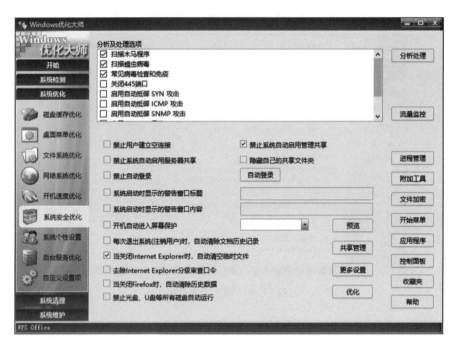

图 2-30　系统安全优化

2.3.3　驱动备份与还原

驱动精灵是一款集驱动管理和硬件检测于一体的、专业的驱动管理与维护工具。驱动精灵提供驱动备份、恢复、安装、删除、在线更新等实用功能。

（1）更新驱动：为了让硬件的兼容性更好，厂商会不定期推出硬件驱动的更新程序，以保证硬件功能使用最大化。驱动精灵提供了专业级驱动识别能力，能够智能识别计算机硬件并且为计算机匹配最适合的驱动程序，严格保证系统稳定性。

（2）驱动备份与还原：驱动精灵除了具有更新驱动程序功能以外，还具有驱动备份和还原的功能，方便重装电脑系统后快速地安装驱动程序。驱动精灵不仅可以找到驱动程序，还提供系统所需的常用补丁包。

（3）卸载驱动程序：对于因错误安装或其他原因导致的驱动程序残留，使用驱动精灵可以卸载驱动程序。

2.4　练习题

1. 计算机感染病毒后的症状都有哪些?
2. 如何使用360安全卫士进行电脑清理?
3. 如何检测自己电脑的硬件性能?
4. 如何优化计算机性能?

随着信息处理技术的飞速发展,产生的文件数量逐渐增多,文件管理工作也会越来越烦琐,使用文件管理软件可以有效地管理各种复杂文件,帮助用户压缩和保护各种不同的文件,提高使用计算机的效率。本章主要介绍文件和文件夹的基本概念、文件和文件夹的基本操作、文件压缩与解压缩软件、文件加密软件、文件管理和恢复软件。

3.1　文件与文件夹

计算机的信息都是以文件的形式存在,文件通常存放在文件夹中,文件夹是对文件进行分类整理的工具,合理地使用文件与文件夹,可以帮助用户妥善保存和快速查找需要的数据。

3.1.1　文件与文件夹基础

文件是指被赋予名字并存储在磁盘上的信息集合。文件夹是计算机中存储信息的重要体系,用于存放电脑中的文件。通常,文件夹能对电脑中的文件进行显示、组织和管理。计算机硬盘中的每个分区下面可存放若干个文件夹和文件,每个文件夹里面又可以存放若干个子文件夹和文件,这些子文件夹里还可以继续存放文件夹和文件。

1.文件命名　存放在计算机中的一个表格、一幅图画、一首歌曲、一段视频等都是文件,每个文件的名称即文件名,由两部分组成:主文件名和扩展名,之间用实心点"."隔开,常见文件名,如图3-1所示。同一目录下文件名不能相同。

图3-1　常见文件名

在 Windows 10 系统中,文件的命名方式如下。

(1)长度规则。Windows 10 操作系统中虽然支持长文件名,但是对长度仍有限制,其中文件名加所有路径的总字符数量不能超过 255 个。

(2)禁用特殊字符。文件名中禁用以下字符:"\""/""?"":""＊""|"">""<"。如果不小心使用了这些字符命名文件,Windows 会发出警告提示,并拒绝命名或启用重命名操作。

2. 文件格式

(1)文件格式(或文件类型):电脑为了存储信息而使用的对信息的特殊编码方式,用于识别内部储存的资料,如有的储存文字信息,有的储存图片。同样是存储图片,有 GIF、JPEG、PNG 等不同的文件格式。扩展名可以帮助应用程序识别文件的格式,不同类型的文件使用不同的扩展名,而文件夹没有扩展名。Windows 10 系统中文件常用的扩展名,如表 3-1 所示。

表 3-1 文件常用的扩展名

格式名称	扩展名	说明
ASCII	. txt	无格式的文本文件
DOC	. doc、. docx、. wps	Word 文档
XLS	. xls、. xlsx	Excel 文档
PPT	. ppt、. pptx	PowerPoint 演示文稿
GIF	. gif	Web 图像
JPEG	. jpeg／. jpg	图片
ICO	. ico	Windows 图标
MP3	. mp3	音乐文件
AVI	. avi	Windows 的标准视频
LNK	. lnk	快捷方式

(2)显示/隐藏扩展名:在 Windows 10 系统中,系统默认隐藏文件类型的扩展名。如果用户要查看完整的文件名,通过设置文件夹的属性可以显示完整的文件名。

双击桌面"此电脑"图标,点击菜单栏"查看"→"文件夹选项"→"查看"命令,在其"高级设置"中,取消"隐藏已知文件类型的扩展名"复选框,点击"确定"按钮即可,如图 3-2所示。

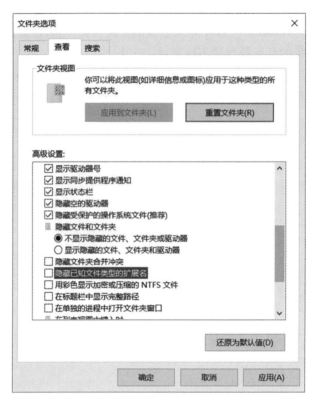

图3-2　文件扩展名的显示

3. 文件路径　文件的路径如同地址一样,通过路径可以得知文件在电脑磁盘中的具体位置。路径的结构一般包括了盘符名称、文件夹名称及文件名称,中间用"\"隔开。如"D:\教学资料\第一章常用工具软件概述. pptx"是指在电脑 D 盘"教学资料"文件夹中的"第一章常用工具软件概述"演示文稿文件。查看文件或文件夹时,在所在窗口的地址栏中可直观地看到路径。

4. 文件大小　文件由于其中存放内容不同,大小通常也不相同,可以通过查看文件大小,确保存储空间够用。在计算机中,衡量文件大小的单位是"字节(B)"。

字节(Byte)是计算机中表示存储容量的最常用的基本单位。一个字节由 8 位二进制数组成,通常用"B"表示。

位(bit)是计算机中最小的数据单位,存放一位二进制数,即 0 或 1。它也是存储器存储信息的最小单位,通常用"b"来表示。

除了字节(B)外,计算机还经常用到 KB、MB、GB、TB、PB、EB、ZB 等更大的存储单位。它们之间的换算关系是:

1 B = 8 bit;1 KB = 1024 B;1 MB = 1024 KB;1 GB = 1024 MB;1 TB = 1024 GB;1 PB = 1024 TB; 1 EB = 1024 PB;1 ZB = 1024 EB;

可通过"文件夹详细信息视图"快速查看文件大小,如图 3-3 所示。

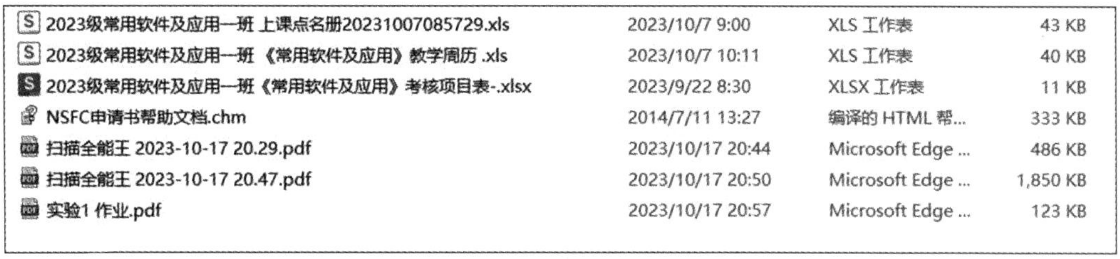

S 2023级常用软件及应用一班 上课点名册20231007085729.xls	2023/10/7 9:00	XLS 工作表	43 KB
S 2023级常用软件及应用一班《常用软件及应用》教学周历 .xls	2023/10/7 10:11	XLS 工作表	40 KB
S 2023级常用软件及应用一班《常用软件及应用》考核项目表-.xlsx	2023/9/22 8:30	XLSX 工作表	11 KB
NSFC申请书帮助文档.chm	2014/7/11 13:27	编译的 HTML 帮...	333 KB
扫描全能王 2023-10-17 20.29.pdf	2023/10/17 20:44	Microsoft Edge ...	486 KB
扫描全能王 2023-10-17 20.47.pdf	2023/10/17 20:50	Microsoft Edge ...	1,850 KB
实验1 作业.pdf	2023/10/17 20:57	Microsoft Edge ...	123 KB

图 3-3 文件大小

5. 文件属性 文件的属性是对文件的描述信息,主要包括文件的名称、类型、打开方式、位置、大小、创建时间等信息。可通过右击"文件"→"属性",打开属性对话框,如图 3-4所示。

图 3-4 文件属性

3.1.2 文件与文件夹的操作

文件与文件夹的操作主要有新建、选择、重命名、复制、移动、删除等。

1. 新建文件（文件夹）　在桌面"此电脑"窗口中打开要创建文件（文件夹）的路径，通过使用右键、菜单栏等可以新建文件（文件夹）。

方法1：使用"右键"。

双击桌面"此电脑"图标，打开D盘中的"我的资料"文件夹，在空白区域点击鼠标右键，在弹出的快捷菜单中选择"新建"→"文件夹（F）"选项，如图3-5所示，即可在"我的资料"文件夹中新建一个文件夹。

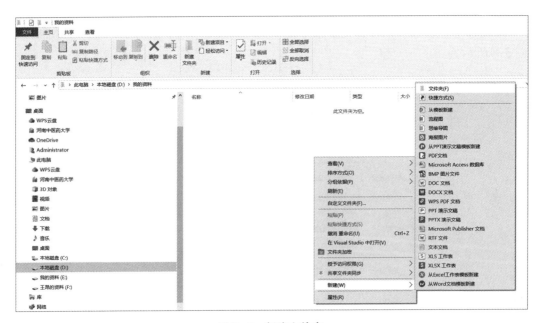

图3-5　新建文件夹

双击该文件夹，在空白区域点击鼠标右键，在弹出的快捷菜单中选择文件夹"新建"→"DOCX文档"选项，如图3-6所示，即可在新建文件夹中新建一个Word文档。

图 3-6　新建文件

方法 2:使用"菜单栏"。

打开"我的资料"文件夹,点击菜单栏"主页"→"新建文件夹"按钮,即可在"我的资料"文件夹中新建一个文件夹。

在"新建文件夹"文件夹窗口的菜单栏"主页"选项卡中,点击"新建项目"下拉按钮,在弹出的列表框中选择"DOCX 文档"选项,即可在新建文件夹中新建一个 Word 文档。

2.选择文件(文件夹)　在对文件(文件夹)进行操作时,首先需要选定操作对象,即选择该文件(文件夹)。在 Windows 10 系统中,用户可以选择单个或多个文件(文件夹)。

(1)选择单个文件(文件夹):用户点击需要选择的文件(文件夹),被选择的文件(文件夹)呈蓝底黑字显示。

(2)选择多个连续的文件(文件夹):方法 1:将鼠标指针移动至所要选择的第一个文件(文件夹)前的空白区域,按住鼠标左键并拖曳,在拖曳鼠标的同时会出现蓝色的矩形区域,继续拖曳鼠标至所要选择的最后一个文件(文件夹),然后释放鼠标左键,被选择的文件(文件夹)以蓝底显示,如图 3-7 所示。方法 2:点击一个文件(文件夹)图标后,按住"Shift"键的同时,再点击另一个文件(文件夹)图标,即可选择这两者之间所有连续的文件(文件夹)。

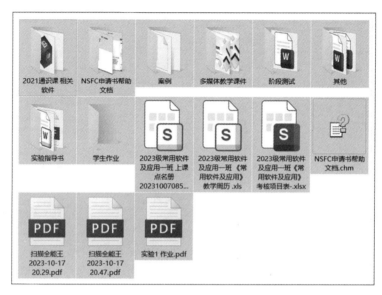

图 3-7 选择多个连续的文件(文件夹)

(3)选择多个不连续的文件(文件夹):点击一个文件(文件夹)后,按住"Ctrl"键的同时点击其他的文件(文件夹),即可选择多个不相邻的文件(文件夹)。

(4)选择全部文件(文件夹):如果要选择窗口中所有的文件(文件夹),只需在菜单栏"主页"选项卡中点击"全部选择"按钮,或直接按"Ctrl+A"组合键,即可选择所有文件。

3.重命名文件(文件夹) 通过右键、菜单栏等操作,可对文件(文件夹)重新命名,以方便管理的需要。如果文件已经被打开或正在被使用,则不能被重命名,并且不能对系统文件以及其他程序文件(文件夹)进行重命名,否则会造成系统或程序无法运行。

方法 1:使用"右键"。

打开文件(文件夹)所在位置,右击文件(文件夹),选择"重命名"选项,如图 3-8 所示,文件夹的名称呈现可编辑状态,在其中输入名称"我的讲稿"后,再按"回车键"确认,即可完成文件夹重命名操作。

图 3-8　重命名

方法 2：使用"菜单栏"。

打开"我的资料"文件夹,选择"新建文件夹",在菜单栏中的"主页"选项卡中,点击"重命名"按钮,这时文件夹的名称呈现可编辑状态,在其中输入名称"我的讲稿"后,再按"回车键"确认,即可完成文件夹重命名操作。

方法 3：使用"左键"。

选择需要重命名的文件(文件夹),在该文件名上点击两次鼠标左键,此时名称呈现可编辑状态,输入相应文件名即可。

如果需要重命名的批量文件的名称具有某种规律,也可以为多个文件进行批量重命名。选择所有需要重命名的文件,在其中一个文件上点击鼠标右键,在弹出的快捷菜单中选择"重命名"选项;输入"我的讲稿",然后按回车键即可批量重命名文件,如图 3-9所示。

图3-9 批量重命名

4.复制文件(文件夹) 复制文件(文件夹)可以将一份文件完整地复制到另外一个文件夹或其他磁盘中。通过快捷菜单复制文件(文件夹)的方法比较简单,通过将D盘中的"我的讲稿"文件夹复制到E盘"教学资料"文件夹为例,介绍复制文件(文件夹)的方法,如图3-10所示。

方法1:使用"右键"。

右击"我的讲稿"文件夹,在弹出的快捷菜单中点击"复制(C)",然后打开E盘"教学资料"文件夹,在空白位置处点击鼠标右键,在弹出的快捷菜单中点击"粘贴(P)"即可完成复制操作,如图3-11所示。

方法2:使用快捷键。

选择需要复制的文件(文件夹),再按"Ctrl+C"组合键,然后选择目标位置,最后按"Ctrl+V"组合键进行粘贴,可以实现复制文件(文件夹)。

方法3:使用菜单栏。

通过菜单栏的"复制"按钮实现在目标位置创建一个与选定文件(文件夹)完全相同的副本。

方法4:使用拖拽法。

选择需要复制的文件(文件夹),按住"Ctrl"键的同时,按住鼠标左键将其拖拽至目标位置,即可复制该文件(文件夹)。

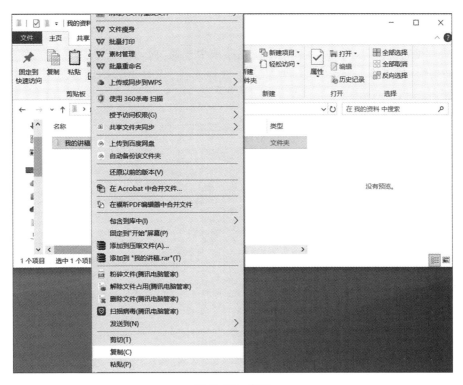

图 3-10 复制

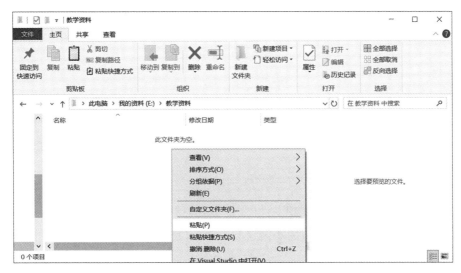

图 3-11 粘贴

5. 移动文件（文件夹） 将文件（文件夹）从硬盘中原来的位置移动到一个新的位置是剪切文件（文件夹）。移动后的文件（文件夹）在原来的位置将被删除。以将 D 盘中的

"我的讲稿"文件夹移动到 E 盘"教学资料"文件夹为例进行介绍。

方法1：使用"右键"。

右击"我的讲稿"文件夹，在弹出的快捷菜单中选择"剪切（T）"（图3-12），然后打开 E 盘"教学资料"文件夹，在空白位置处点击鼠标右键，在弹出的快捷菜单中选择"粘贴（P）"即可完成移动操作。

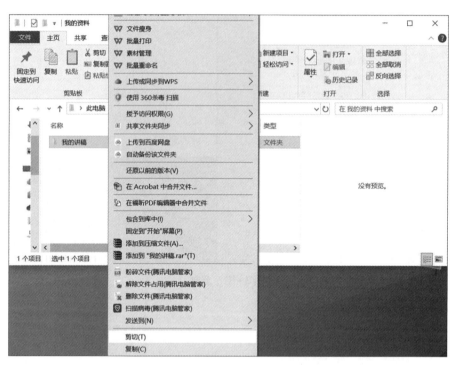

图3-12　剪切

方法2：使用快捷键。

在移动文件（文件夹）的过程中，可以先对需要移动的文件（文件夹）进行选择，再按 "Ctrl+X"组合键进行剪切，然后选择目标位置，并按"Ctrl+V"组合键进行粘贴，即可以移动文件（文件夹）。

方法3：使用菜单栏。

通过菜单栏的"剪切"按钮实现文件（文件夹）的移动。

6. 删除文件（文件夹）　可以将不需要的文件（文件夹）删除，以节省磁盘的空间。

方法1：使用"右键"。

右击"我的讲稿"文件夹，在弹出的快捷菜单中选择"删除（D）"选项，即可完成删除操作，如图3-13所示。

方法2：使用"Delete"。

在删除文件（文件夹）的过程中，可以先对需要删除的文件（文件夹）进行选择；再按键盘上的"Delete"键进行删除。

方法3：使用菜单栏。

通过菜单栏的"删除"下拉按钮，在弹出的列表框中选择"回收"选项，即可删除。

如果要永久性地删除文件（文件夹），只需在选择文件（文件夹）后，按"Shift+ Delete"组合键，弹出信息提示框，单选"是"按钮，即可永久删除所选择的文件（文件夹），而且被删除的文件（文件夹）将从电脑回收站不能被还原。

图3-13　删除

3.2　文件资源管理器

文件资源管理器是 Windows 系统自带的资源管理工具，用户可以通过它查看本台计算机的所有资源，以树型文件系统结构显示，能使用户更清楚、更直观地查看和管理文件及文件夹。

点击任务栏"开始"→"Windows 系统"→"文件资源管理器"，如图3-14所示，资源管理器主要由菜单栏、地址栏、搜索栏、导航窗格、细节窗格和资源管理窗格等部分组成（其中的预览窗格默认不显示）。导航窗格能够辅助用户在磁盘、库中切换。预览窗格在默认情况下不显示，用户可以通过点击"查看"→"窗格"→"预览窗格"按钮来显示或隐藏预览窗格。

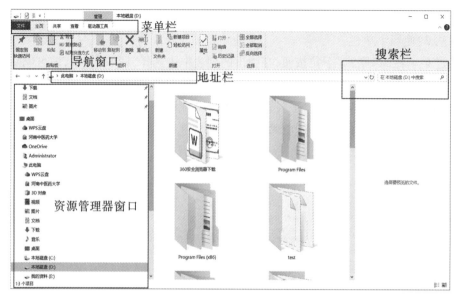

图 3-14 文件资源管理器

3.3 文件压缩与解压缩软件

在使用计算机的过程中,经常会遇到一些体积比较大或者比较零散的文件,这些文件放在计算机中会占据比较大的空间,不利于计算机中文件的整理,因此可以使用文件压缩软件将这些文件压缩,文件压缩后得到的目标文件称为压缩文件。在重新读取原文件时,需要对压缩文件进行解压缩,也就是将压缩文件还原为原来文件的实际内容。

压缩文件的基本原理是查找文件内的重复字节,并建立一个相同字节的"词典"文件,并用一个代码表示,比如在文件里有几处有一个相同的词"中华人民共和国",那么用一个代码表示并写入"词典"文件,这样就可以达到缩小文件的目的。由于计算机处理的信息是以二进制数的形式表示的,因此压缩软件就是把二进制信息中相同的字符串以特殊字符标记来达到压缩的目的。

常见的文件压缩软件有 WinRAR、7-Zip、360 压缩、Win-Zip 等。根据所使用的压缩算法的不同,压缩文件也被区分为不同的格式。常见的解压缩文件格式有 rar、zip、7z 等。

3.3.1 WinRAR

WinRAR 是一款常用的文件压缩软件,能够创建、管理和控制压缩文件,WinRAR 软件提供两种基本的压缩文件格式:RAR 和 ZIP。

RAR 压缩文件:RAR(Rashal ARchive)算法由 Eugene Roshal 提出。RAR 通常能够提供更好的压缩率、支持多卷压缩文件,可将被压缩文件压缩为多个目标文件。

ZIP 压缩文件:ZIP 由菲利普·卡兹(Philip Katz)发明。Internet 上很多的压缩文件都是 ZIP 格式的压缩文件。

1.压缩文件　选择需要压缩的文件或文件夹,右击选择"添加到压缩文件"或"添加到实例.rar"等选项,如图3-15所示。

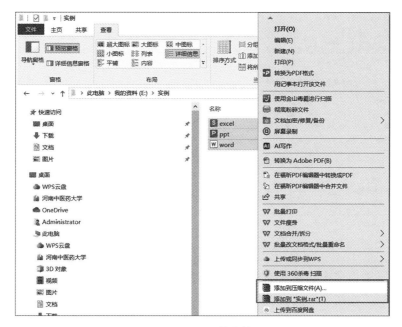

图3-15　压缩文件

若选择"添加到压缩文件",即可打开对话框如图3-16所示,可以点击"浏览"选择文件保存路径,输入压缩文件名称,选定压缩文件格式 RAR 或 ZIP。待所有选项设置完毕,点击"确定"按钮即可完成文件压缩。

图3-16　压缩设置

若选择"添加到实例.rar(T)",即可快速完成文件压缩,压缩文件即出现在当前路径下,压缩文件名为当前文件夹名称,如图3-17所示。

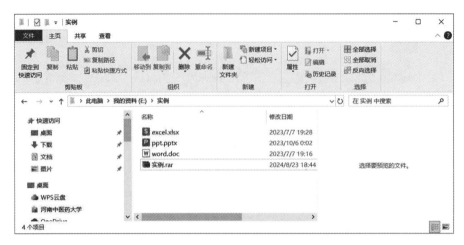

图3-17　压缩结果

若需要压缩为多个目标文件,需设置压缩文件格式为RAR,选择"切分为分卷大小",点击"确定"按钮即可,如图3-18所示。

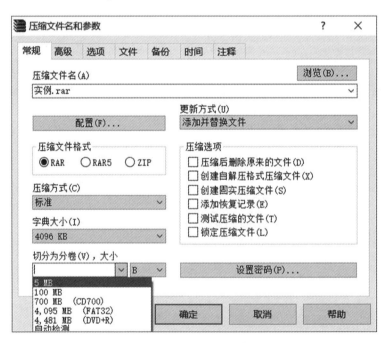

图3-18　切分为多卷

2.解压缩文件　选择需要解压缩的文件,右击选择"解压文件"或"解压到当前文件夹"或"解压到实例",如图3-19所示。

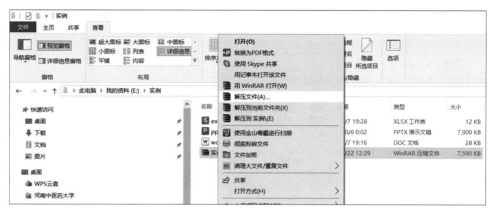

图 3-19　解压文件

若选择"解压文件",则打开对话框如图 3-20 所示,在"常规"选项卡中选择目标路径、更新方式等选项,也可在"高级"选项卡中做更多选择;待所有选项设置完毕,点击"确定"按钮,即可完成文件解压缩。

图 3-20　解压路径和选项

若选择"解压到当前文件夹"或"解压到实例",即可快速完成文件的解压缩,解压后的文件即出现在当前路径下,文件夹名为当前压缩文件名称。

3. 管理压缩文件　压缩文件生成后,与其他文件一样,可以进行复制、移动、重命名、

网络上传、删除等基本的文件管理。在 WinRAR 中，还可以进行压缩文件内的文件的添加、删除、更新、扫描病毒等管理，如图 3-21 所示。

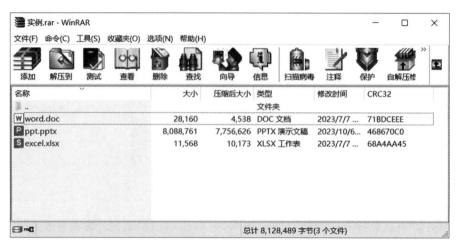

图 3-21　管理压缩文件

在创建压缩文件时，可能会遗漏需要压缩的文件或多选了无须压缩的文件。这时可以点击工具栏中的"添加"或"删除"按钮，无须重新进行压缩操作，只需要在已压缩的文件里添加或删除即可。

点击工具栏中的"查找"按钮，可以查找计算机中的其他文件。

点击工具栏中的"扫描杀毒"按钮，可以查杀压缩文件中可能包含的计算机病毒。

点击工具栏中的"注释"按钮，可以为压缩文件加上一些文字注释说明。

点击工具栏中的"保护"按钮，可以禁止修改压缩文件、身份校验信息等，以便更好地保护压缩文件的内容。

点击工具栏中的"自解压格式"按钮，可以生成能够直接解压缩的.exe 文件，从而能够在未安装 WinRAR 的计算机中打开压缩文件。

4.加密压缩文件　WinRAR 软件可为压缩文件添加密码。

方法 1：在建立压缩文件时，在如图 3-16 所示的"常规"选项卡中，点击"设置密码"按钮设置密码。

方法 2：对于已经建立好的压缩文件，可以使用 WinRAR 主窗体中的"文件"菜单下的"设置默认密码"命令。

上述两种方式都将打开"输入密码"对话框，如图 3-22 所示。

勾选其中的"显示密码"复选框，则以显式方式输入密码一次即可，否则以隐式方式输入两次密码。

勾选其中的"加密文件名"复选框，则 WinRAR 不仅加密压缩文件，而且加密所有包括其中的文件名、文件内容、大小、属性、注释等各类信息，因此提供了更高级别的安全保护。

图 3-22 密码设置

3.3.2 其他文件压缩软件

1.7-zip 7-zip 是一款免费而且开源的压缩软件,有更高的压缩比,压缩性能强大。

2.360 压缩 360 压缩支持解压主流的 rar、zip、7z、iso 等多达 42 种压缩文件。360 压缩内置云安全引擎,可以检测木马,更安全。

3.Win-Zip Win-Zip 支持 ZIP、CAB、TAR、GZIP、MIME 以及更多格式的压缩文件,与 Windows 资源管理器拖放集成。

3.4 文件加密软件

文件加密是对写入存储介质的数据进行加密的技术。常用的加密算法有:RSA 算法、IDEA 算法、AES 算法等,相对而言,AES 加密强度更高。

Windows 操作系统自身就提供了文件加密功能。除此之外,还有很多的商业加密软件,实现了不同类型的文件加密。例如:使用 Windows 操作系统对文件(夹)加密与解密、使用 Microsoft Office 对 Word 等文档加密与解密。需要注意的是,加密软件只是对文件内容的保护,很难提供绝对的加密保护。

3.4.1 文件(夹)加密与解密

1.加密文件(文件夹) Windows 操作系统中,右击要加密的文件(文件夹),选择"属性"→"常规"→"高级",如图 3-23 所示。

图 3-23　文件夹属性窗口

选择"加密内容以便保护数据",如图 3-24 所示,选择"仅将更改应用于此文件夹",并应用确定,则该文件夹已加密。

图 3-24　高级属性

2. 解密文件(文件夹) 以原账号登录 Windows 操作系统,右击文件(夹),选择"属性"→"常规"→"高级",去除勾选的"加密内容以便保护数据",点击"确定"按钮返回到文件属性窗口,继续点击"确定"按钮,则该文件(夹)已被解密。

3.4.2 文档加密与解密

1. 文档加密 打开需要加密的文档(如 Word),点击"文件"→"信息"→"保护文档"→"用密码进行加密",如图 3-25 所示。输入密码,即可实现文档加密。再次打开文档时则提示输入密码才可打开,如图 3-26 所示,该方法适用于 Office 文档。

图 3-25 使用密码加密 Word 文档

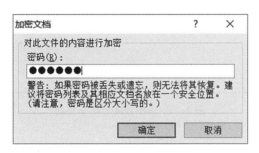

图 3-26 设置文档密码

2. 文档解密 打开已加密的 Word 文档,在菜单栏中选择"文件"→"信息"→"保护文档"→"用密码进行加密",删除原来的密码,点击"确定"按钮即可完成文档的解密。

3.5　文件管理和恢复软件

在遇到误删除、误格式化文件等情况时，可以使用文件恢复软件进行恢复，以降低因误操作而带来的损失。

EasyRecovery 是一款操作简单、功能强大数据恢复软件，该软件的主要功能包括误删除文件的恢复、磁盘诊断、文件修复等，可以从硬盘、光盘、U 盘、数码相机、手机等各种设备中恢复被删除或丢失的文件、图片、音频、视频等数据文件。

1. 恢复文件　打开 EasyRecovery 软件，默认全选恢复内容，选择"所有数据"或"指定类型"，如图 3-27 所示，点击"下一步"按钮，选择需要执行删除文件恢复的驱动器（如 C 盘、D 盘、E 盘等），如图 3-28 所示。

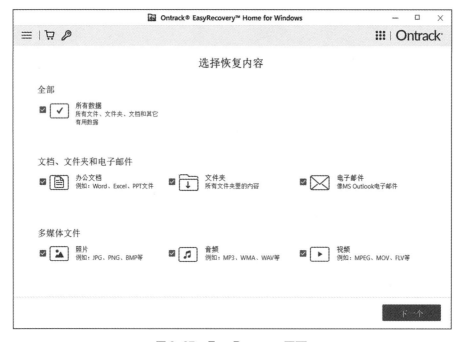

图 3-27　EasyRecovery 页面

图 3-28　恢复文件驱动器

在位置窗口中点击"扫描"按钮即可开始扫描工作,如图 3-29 所示。完成扫描后,从左侧的树状视图目录中选择曾被删除的文件所在位置,然后在右侧选择文件,如图 3-30,点击"恢复"按钮,将文件恢复到指定的目标文件夹中,完成文件恢复。

图 3-29　扫描过程

图 3-30　选择需要恢复的文件

2. 恢复硬盘分区　EasyRecovery 软件能通过已丢失或已删除分区的引导扇区等数据恢复硬盘的丢失分区,并重新建立分区表。出现分区丢失的状况时,无论是误删除造成的分区丢失还是病毒原因造成的分区丢失,都可以尝试通过本功能恢复。

3. 诊断磁盘　诊断磁盘对磁盘进行全面扫描,列出全部可以恢复的文件,供用户选择恢复。

3.6　练习题

1. 简述 Windows 资源管理器有哪些实用功能。
2. 简述自解压文件与普通压缩文件的区别。
3. 简述几款常见的压缩与解压缩软件。
4. 简述常用的文件恢复与文件加密的方法。

第四章 办公工具软件

办公工具软件和人们日常的办公、学习联系越来越紧密,如常用的文字输入、文档处理、表格制作、数据统计、多媒体演示文稿、电子图书、语言翻译等需求型软件。熟练运用办公工具软件已经成为广大用户必须掌握的常备技能之一。本章主要介绍当前主流的文字输入法工具、Office 办公软件、电子图书浏览与制作工具、语言翻译工具等,可以帮助用户快速掌握常用办公工具软件的应用。

4.1 文字输入法

文字输入法是非常常用的工具,它能够帮助用户更快速、准确地输入文字,提高工作效率。不同的输入法都有各自的特点和优势,用户可以根据自己的需求和喜好进行选择。

以下是一些常用的文字输入法。

(1)拼音输入法:拼音输入法是最为常用的一种输入法。它将汉字拼音与相应的汉字词语进行匹配,用户只需要输入相应的拼音就可以得到相应的汉字。

(2)五笔输入法:五笔输入法是一种快速输入法。它将每个汉字划分成五个基本笔画,并且每个笔画都对应着一个特定的编码。用户只需要输入相应的编码,即可快速输入汉字。

(3)英文输入法:英文输入法是用来输入英文字符和数字的输入法。它通常使用布局,用户只需要在键盘上输入相应的字母或数字即可。

(4)笔画输入法:笔画输入法是一种可以通过手写字符来输入文字的输入法。它的使用方法是在输入区域中手写汉字的笔画,系统会根据笔画识别出相应的汉字。

(5)语音输入法:语音输入法是一种可以通过语音来输入文字的输入法。用户只需要通过麦克风输入相应的语音内容,系统将自动将语音内容转换成文字。

4.1.1 搜狗拼音输入法

搜狗拼音输入法是由腾讯旗下北京搜狗信息服务有限公司推出的一款汉字输入法工具,具有强大的拼音输入、手写输入、语音输入、五笔输入、智能输入、智写和跨屏输入等功能,是使用范围及受欢迎程度较高的输入法,支持 Windows、OpenHarmony、Linux、MacOS、Android、iOS 等平台。

1. 下载及安装搜狗拼音输入法软件

方法 1:在浏览器中输入网址(https://shurufa.sogou.com/),点击输入法相应版本

（如 Windows），如图 4-1 所示，下载软件安装包到本地，然后双击该安装文件，选择相关选项后即可完成该输入法的安装。

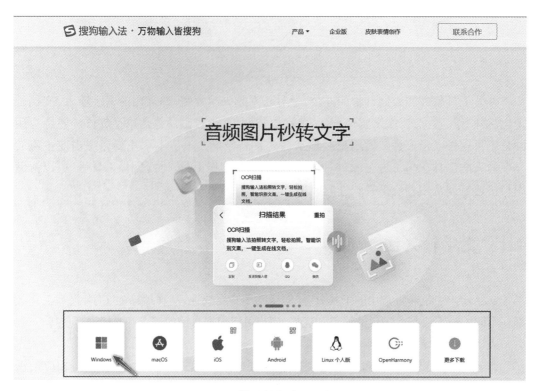

图 4-1　搜狗拼音输入法官网

方法 2：启动某软件管家（如腾讯电脑管家、360 软件管家等），在搜索栏输入"搜狗拼音输入法"，即可搜索到该软件，选择"搜狗拼音输入法"，点击"安装"按钮即可完成该软件在计算机上的安装，如图 4-2 所示。

图 4-2　使用软件管家搜索"搜狗输入法"

2.切换到搜狗拼音输入法　安装完成后,可点击计算机桌面任务栏右侧的输入法图标,选择搜狗拼音输入法即可切换,输入法切换页面如图4-3所示。也可通过键盘"Ctrl+Shift"或"Ctrl+空格键"等方式进行切换。

搜狗拼音输入法状态栏主要包含功能:自定义状态栏(S)、中/英文切换(Shift)、中/英文标点切换、语音输入、输入方式、皮肤中心、游戏中心、智能输入助手等。点击输入法图标可打开相应功能,如点击"输入方式"图标即可打开输入法的五种输入方式(语音输入、手写输入、符号大全、软键盘、生僻字),如图4-4所示。

图4-3　输入法切换页面

图4-4　输入法状态栏

3.输入中文　打开要输入文字的应用软件(如记事本、Word、Excel、PowerPoint等),切换为搜狗拼音输入法状态,然后使用常见的拼音方式通过键盘上的字母键输入拼音,通过翻页键进行内容的选择。默认开启的三种翻页选字方式有逗号句号(,。)、减号等号(- =)、左右方括号(【】),用于翻上页和下页。

另外,搜狗拼音输入法的智能联想非常实用,当用户开始输入一个词时,搜狗拼音输入法会自动推荐一些可能的词组,这些词组是根据用户过去的输入习惯和当前的上下文环境生成的,用户只需要点击屏幕上的候选词或对应的数字,即可将其输入文档中。

4.输入英文　在计算机中按下键盘"Shift"键可切换输入法的中/英文状态,或者点击输入法状态栏"中"字图标可切换图标显示为"英",如图4-5所示,则可输入英文及英文符号。

图4-5　切换中/英文图标

另外,按下键盘上的"Caps lock"键或者组合键"Shift+字母"(按住 Shift 键不松,再敲击字母键)可实现大小写字母的切换输入。

5.输入特殊符号　点击输入法状态栏"输入方式"→"符号大全"可实现输入更多特

殊符号,符号大全窗口如图4-6所示。可选择特殊符号、标点符号、数字序号、数学/单位、希腊/拉丁、拼音/注音、中文字符、英文音标、制表符等符号进行输入。

6.使用语音输入　点击输入法状态栏"语音"图标或者点击"输入方式"→"语音输入",即可打开语音输入窗口,如图4-7所示,默认选择"普通话",使用麦克风录入语音,即可实时完成文档中的文字输入。

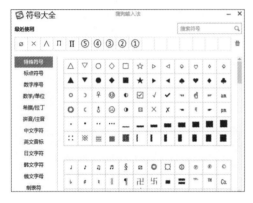

图4-6　符号大全

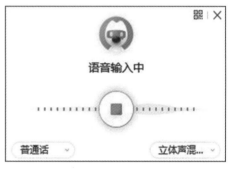

图4-7　语音输入转文字

搜狗拼音输入法的语音输入还支持方言、外语和翻译等方式。其中方言支持东北话、贵州话、四川话、陕西话等;外语支持英语、日语、韩语、法语、俄语、西班牙语、德语、泰语等;翻译支持中译英、中译日、中译韩、中译法、中译德、中译俄、英译中、日译中、韩译中、法译中、德译中、俄译中。

7.更多功能　点击输入法状态栏"智能输入助手"即可打开输入法更多工具,如智写、符号大全、图片转文字、截屏、手写输入、在线翻译、跨屏输入等功能,如图4-8所示。其中常用的截屏功能可完成识别图片文字、实时截屏、编辑图片等,深受用户喜欢。

图4-8　更多功能

8.个性化设置 点击输入法状态栏最左侧"S"→"更多设置",可进行用户个性化设置,如设置输入法默认状态为简体、半角、中文、全拼等,如图4-9所示。

图4-9 个性化设置

4.1.2 百度输入法

百度输入法支持拼音、笔画、五笔、手写、注音、智能英文等多种输入方式,在满足用户快捷、精准输入的同时,提供智能语音输入、语音输入、手写输入等输入方式,支持Windows、Mac、Android、iOS等平台。用户可通过百度输入法官网(https://shurufa.baidu.com/)或者电脑软件管家等多种方法完成输入法的下载及安装。

1.百度输入法状态栏 百度输入法安装成功后,可切换到百度输入法。其状态栏的主要功能有自定义状态栏(du)、中/英文切换(Shift)、中/英文标点切换、快速创作(Alt+空格)、小游戏、工具箱,如图4-10所示。

2.输入文字及更多符号 百度输入法可输入中英文、数字、符号等内容,也可以通过其"工具箱"→"符号大全"可输入更多符号。同时,可通过工具箱完成手写输入、语音输入、截屏工具等功能,工具箱界面如图4-11所示。

图4-10 百度输入法状态栏　　　　　　　　图4-11 工具箱

3.快速创作的使用　点击输入法状态栏"A"即可打开百度"超会写"窗口,主要包括AI问问、写作助手、聊天助手、数字人等功能,如图4-12所示。

图4-12 "超会写"窗口

（1）写作助手的使用:点击"写作助手",在文本框输入写作内容"中医临床诊断步骤",则写作助手根据其知识库针对内容进行内容写作。用户可直接复制内容,也可对内容进行进一步修改,如"内容精简一些""内容更有条理一些""丰富一些"等。如用户点击"内容精简一些"选项后,写作助手则根据其知识库对内容进行精简并输出结果,如图4-13所示。

图4-13 写作助手

（2）AI问问的使用：点击"AI问问"，选择推荐问题提问，或者在文本框输入询问内容，如输入"拍到了绝美日落，帮我写几个有禅意的朋友圈文案"，则AI问问会根据其知识库显示相关内容，如图4-14所示。

图4-14 AI问问

4.设置百度输入法　点击百度输入法状态栏最左侧"du"图标→"高级设置",可打开设置窗口,可对输入法初始状态、"超会写"图标、按键、外观等功能进行详细设置。

4.1.3　QQ 输入法

QQ 输入法(https://qq.pinyin.cn/)是腾讯公司推出的一款汉字输入法工具,具有智能输入、拼音输入、语音输入、五笔输入、手写输入等功能,同时具有丰富的表情包和皮肤可选,以满足用户不同需求。

QQ 输入法的使用方法见二维码。

QQ 拼音输入法
使用方法

4.1.4　讯飞输入法

讯飞输入法(https://srf.xunfei.cn/)是科大讯飞公司推出的一款输入软件,支持 Windows、Linux、iOS、Android、MacOS、OpenHarmony 等操作系统,集语音、拼音、手写、拍照、AI 助手等多种输入方式于一体,同时也支持粤语、四川话、东北话、河南话、武汉话等 25 种方言识别,提供藏语、维语、彝语、壮语、朝鲜语 5 种民族语言语音输入,支持多国外语语音输入及中文与外语的即时互译。

讯飞输入法
使用方法

讯飞输入法的使用方法见二维码。

4.2　Office 办公软件

Office 办公软件一般指 Microsoft Office、WPS Office、Office365 等办公软件套装,包含了一系列用于处理各种办公任务的软件程序。Office 办公软件功能强大、易用,支持多操作系统和设备,是提升工作效率和质量的必备软件。本节以 Microsoft Office 2019 专业版为基础,介绍 Word 组件、Excel 组件、PowerPoint 组件的应用。

4.2.1　文字处理软件 Word

Word 是 Office 的常用组件之一,用于创建、编辑和排版各种文档,能够处理文本、表格和图形,满足各种报告、论文、简历、信函、报表等文档的需要。

1.文档的创建与排版

(1)建立 Word 新文档:点击任务栏"开始"→"程序"→"Word"即可启动 Word 组件,启动页面如图 4-15 所示,点击"空白文档"即可新建一个空白 Word 文档,默认文档名称为"文档 1.docx","文档 1"初始页面如图 4-16 所示。

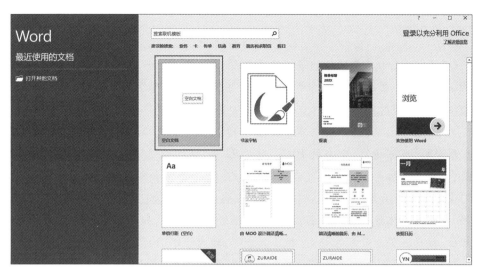

图 4-15 Word 启动初始界面

图 4-16 文档 1 初始界面

如果用户需要新建书法字帖、求职信或者简历等类型的文档,可点击菜单栏"文件"→"新建",选择相应模板即可新建文档。也可重新启动 Word 组件,在初始界面中选择相应模板进行创建。

Word 功能区分布在窗口顶部,有开始、插入、设计、布局、引用、邮件、审阅、视图和帮助等选项卡,可以引导用户展开工作。

Word 功能区与选项卡的使用方法见二维码。

Word 功能区
与选项卡
使用方法

（2）文档输入及保存文档：在文档光标闪动处输入文档内容，范例文字如下。

《伤寒论》简介

　　《伤寒论》是由东汉末年的著名医学家张仲景所著的一部经典医学著作，成书时间约在公元200至210年间，张仲景，名机，字仲景，南阳郡涅阳（niè yáng）人（今河南省南阳市），他因对医学的卓越贡献而被后世尊称为"医圣"。

　　原书《伤寒杂病论》中的伤寒部分在流传过程中散失，后由晋代的王叔和整理编纂成现今的《伤寒论》。全书共10卷，分为22篇，详细论述了外感热病的病因、病理、诊断、治疗及预后等，共计397（或398）条文，除去重复和佚方外，载有药方112（或113）个。该书以六经辨证为核心，将外感疾病分为太阳、阳明、少阳、太阴、少阴、厥阴六经，并根据人体抗病力的强弱、病势的进退缓急等因素，归纳出各种症候的特点、病变部位、损及脏腑以及寒热趋向、邪正盛衰等，作为诊断治疗的依据。

　　《伤寒论》系统地阐述了多种外感疾病及杂病的辨证论治，理法方药俱全，在中医发展史上具有划时代的意义和承前启后的作用，对中医学的发展做出了重要贡献，被誉为中医四大经典著作之一，长期指导着中医临床实践。

　　保存文档。点击菜单栏"文件"→"保存"，选择文件保存位置，输入文件名，保存类型默认为"docx"，点击"保存"按钮完成保存（首次保存需选择）。若对文档继续编辑，则需继续保存，点击标题栏"保存"按钮，或者点击菜单栏"文件"→"保存"，或者按下"Ctrl+S"均可。

　　（3）文档的常用排版：文档排版中，常用的排版有字体样式、字号、颜色、对齐方式、段落等设置。

　　常用字体有宋体、黑体、楷体、隶书等；常用字号有五号、小四、四号、三号、二号等；段落设置有对齐方式、缩进、间距、行距等，如设置为左对齐、首行缩进2字符、行距1.25倍等；以及边框底纹、项目编号、样式等设置。

　　2. 表格制作

　　（1）创建表格：打开Word文档，在工作区另起一行，点击菜单栏"插入"→"表格"→"插入表格"，输入列数、行数，默认自动列宽，如图4-17所示，点击"确定"按钮即可完成一个空白表格的插入。

　　（2）编辑表格：在表格单元格内可输入文本等内容，同时可设置输入内容的字体、字号、颜色、行距等，与文档的字符格式设置方法相同。

　　表格样式、底纹、边框样式、边框设置。具体操作为：选中表格，点击菜单栏"表格工具"→"设计"→"表格样式"，可选择表格样式、边框样式等。同时也可在"边框"中选择"绘制表格"绘制斜线直线等图形。

　　另外，可在表格中进行行和列的插入、删除、合并和拆分，以及调整行高、列宽、对齐方式、文字方向等布局设置。具体操作：选中表格，点击菜单栏"表格工具"→"布局"，点击行和列、单元格大小、对齐方式等选项即可设置。

（3）表格数据计算：用户可以对表格中的数值数据进行计算和排序。具体操作为：点击光标在空白单元格（用于显示数据计算结果），点击菜单栏"表格工具"→"布局"，点击公式图标 f_x 可打开公式对话框，如图 4-18 所示，在粘贴函数中选择相应函数（如 =SUM（ABOVE））即可完成计算。

图 4-17　插入表格　　　　　　　图 4-18　数据计算

数据计算的常用函数有：

SUM：求和，可计算一系列数值的总和。

AVERAGE：求平均值，可计算一系列数值的平均值。

COUNT：计数，可计算一系列数值的单元格数量。

MAX：求最大值，可计算一系列数值的最大值。

MIN：求最小值，可计算一系列数值的最小值。

3.图文混排　如果需要使文档有很好的美观效果，仅仅通过文本编辑和排版是不够的，还需要在适当的位置插入图片、自选图形、SmartArt 图形、艺术字等内容。

（1）插入图片、图形、艺术字等对象：打开 Word 文档，确定光标位置，点击菜单栏"插入"→"图片"，在插入图片窗口中选择图片，点击插入即可完成图片的插入。同样，点击菜单栏"插入"→"形状"/"SmartArt"/"文本框"/"艺术字"/"公式"（每次只能选择一种类型对象）等，即可完成相应对象的插入。

（2）设置图文混排样式：对象插入后，可以设置其颜色、形状样式、边框、阴影、位置、文字环绕、高度宽度等选项。具体操作为：选中该对象，点击菜单栏"图片工具"→"格式"，可选择相应选项进行设置。图文混排范例，如图 4-19 所示。

图4-19　图文混排

4. 页面设置与打印

（1）页面设置：页面设置可对文档进行整体调整，如文档的纸张大小、纸张方向、页边距、文字方向、分栏等，可通过菜单栏"页面布局"进行相关设置。

在对长文档进行版面设计时，可根据需要在文档中插入分页符或分节符，为不同部分设置不同的版面格式。

（2）打印设置：点击菜单栏"文件"→"打印"，可打开文档打印窗口，如图4-20所示，选择文档打印的份数、页数、单/双面打印、打印顺序、纸张方向（默认为纵向）、纸张大小（默认为A4）、页边距等相应选项，最后点击"打印"按钮即可完成。

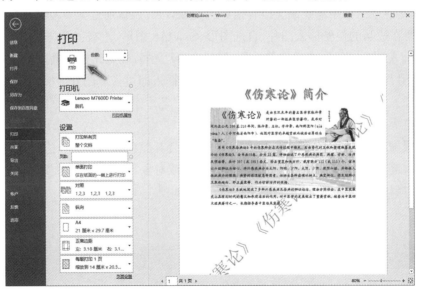

图4-20　文件打印

4.2.2　电子表格软件 Excel

Excel 常用于表格制作、图表展示、数据管理和分析，主要包括工作表的创建及排版、公式与函数应用、图表制作和数据计算、数据的排序、筛选等功能。

1. 工作表的创建与编辑

（1）创建 Excel 新工作簿：点击"开始"→"程序"→"Excel"即可启动 Excel 组件，点击"空白工作簿"即可新建一个空白 Excel 文档，默认文档名称为"工作簿1. xlsx"，工作簿1初始界面，如图4-21所示。

Excel 功能区分布在窗口顶部，有开始、插入、页面布局、公式、数据、审阅、视图和帮助等选项卡。Excel 工作表是显示在工作簿窗口中的表格。单元格是 Excel 表格最基础的单元。

（2）输入数据：Excel 支持输入数值、文本、货币、日期、时间、会计专用、百分比、科学计算、特殊、自定义等多种类型的数据。对于全部由数字组成的字符串，Excel 2019 提供了在它们之前添加"'"来区分"数字字符串"和"数字型数据"的方法。

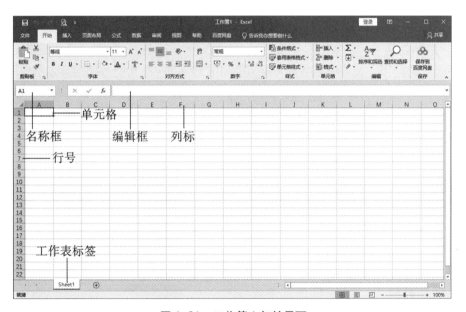

图 4-21　工作簿 1 初始界面

（3）编辑 Excel 工作簿：编辑工作簿可分为编辑单元格和编辑工作表。编辑单元格主要有移动、复制、删除、插入单元格，插入删除行和列，以及查找和替换等操作。编辑工作表主要有插入、删除、移动、复制、重命名工作表等操作。

格式化单元格主要有设置字符、数字、日期等数据格式，以及对齐方式、设置边框、底纹、颜色、样式、设置行高列宽等操作。

例如按要求输入及排版表格内容,范例表格如图4-22所示。

成绩表							
姓名	准考证号	笔试成绩	机试成绩	平时成绩	平均成绩	总评成绩	名次
学生1	202052508001211	19	22	20			
学生2	202052508001212	22	22	27			
学生3	202052508001213	20	30	22			
学生4	202052508001214	17	20	20			
学生5	202052508001215	23	28	12			
学生6	202052508001216	22	30	20			
学生7	202052508001217	20	33	20			
学生8	202052508001218	17	20	32			
学生9	202052508001219	23	20	21			
学生10	202052508001220	19	11	7			
学生11	202052508001221	20	28	24			
优秀比率(%)							

图4-22　成绩表范例

2.数据计算与数据分析　Excel提供了大量丰富的函数及各种运算符,方便用户对数据进行计算。同时还具有数据分析功能,包括数据排序、筛选、分类汇总、条件格式等操作,可帮助用户从多个角度来分析数据。

(1)数据计算

1)公式的应用。公式中包含算术运算符和比较运算符,其中常用的算术运算符包括"+ - * /"等,常用的比较运算符包括"< <= > >= <>"等。使用公式时,在单元格中要以"="开始,且所有运算符必须为英文符号才能进行计算。

例如计算成绩表的总评成绩,首先选中要显示运算结果的单元格,使其成为活动单元格,在其编辑栏中输入"=C3+D3+E3",按回车键(Enter)即可显示公式的值。同样,计算成绩表的平均成绩,则选中活动单元格后在编辑栏输入"=(C3+D3+E3)/3"后按回车键即可显示对应的平均值。

2)函数的应用。Excel提供财务函数、日期与时间函数、数学和三角函数、统计函数、查找与引用函数、数据库函数、文本函数、逻辑函数、信息函数、工程函数等多种功能类型的函数。函数的使用和公式类似,可通过"函数库"或"插入函数"按钮完成。选择菜单栏"公式"→"插入函数",或者点击编辑栏的"f_x"图标,则可弹出"插入函数"对话框,如图4-23

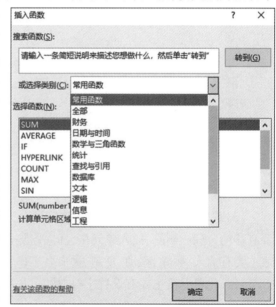

图4-23　"插入函数"对话框

所示。

例如计算成绩表的总评成绩,首先选中用于显示总和的单元格,使其成为活动单元格,然后点击菜单栏"公式"→"自动求和"→"求和"命令,则编辑框自动出现"=SUM(C3:E3)",按回车键即可显示总评成绩的值。

如果要计算学生优秀比率,可使用 COUNTIF 函数、COUNT 函数和数学运算符结合实现。选中活动单元格,首先通过 COUNTIF 函数计算优秀的学生人数,然后编辑栏中输入"=COUNTIF(G3:G13,">=60")/COUNT(G3:G13)"即可得到优秀率。

如果要按照总评成绩计算学生名次,可使用 RANK 函数实现。选中用于显示名次的单元格,选择 RANK 函数,选择数值(如 G3),选择引用范围(如 $G$3:$G$13),如图 4-24 所示,点击"确定"按钮即可看到该数值的排名。然后,利用单元格自动填充可看到该范围内各位同学总评成绩的排名,如图 4-25 所示。

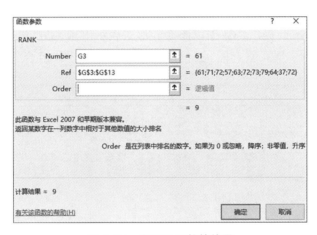

图 4-24 RANK 函数的使用

成绩表							
姓名	准考证号	笔试成绩	机试成绩	平时成绩	平均成绩	总评成绩	名次
学生1	202052508001211	19	22	20	20	61	9
学生2	202052508001212	22	22	27	24	71	6
学生3	202052508001213	20	30	22	24	72	3
学生4	202052508001214	17	20	20	19	57	10
学生5	202052508001215	23	28	12	21	63	8
学生6	202052508001216	22	30	20	24	72	3
学生7	202052508001217	20	33	20	24	73	2
学生8	202052508001218	17	30	32	26	79	1
学生9	202052508001219	23	20	21	21	64	7
学生10	202052508001220	19	11	7	12	37	11
学生11	202052508001221	20	28	24	24	72	3
优秀比率(%)						81.82%	

图 4-25 成绩名次显示

（2）数据分析

1）数据排序。选中要排序的数据区域,选择菜单栏"数据"→"排序",在排序对话框中选择主要关键字、排序依据(单元格值、单元格颜色、字体颜色、条件格式图标)和排序次序("升序"或者"降序"),点击"确定"按钮即可完成数据排序。

2）数据筛选。选中要筛选的数据区域(或者标题行),点击菜单栏"数据"→"筛选",则每个标题行关键字右侧会出现一个下拉箭头的按钮,点击该按钮设置筛选条件后仅显示满足条件的行。如果需取消筛选,则再次点击菜单栏"数据"→"筛选"即可。

3）分类汇总。首先确定按照哪个关键字进行分类汇总,例如班级、性别等,其次点击菜单栏"数据"→"分级显示"→"分类汇总",在分类汇总对话框中选择分类字段(如班级),选择汇总方式(如求和、求平均值等),点击"确定"按钮即可完成数据分类汇总。

3.图表制作　Excel 提供将数据以图表的形式表示出来,主要包括柱形图、折线图、饼图、条形图、面积图、XY 散点图、股价图、曲面图、雷达图、组合等形式,如图 4-26 所示。

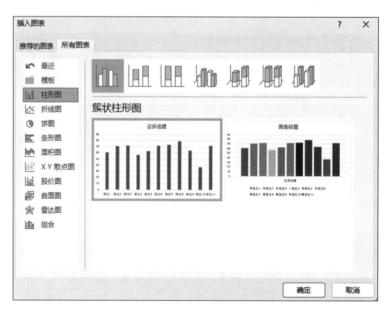

图 4-26　图表类型

（1）创建图表:选中显示图表的数据区域,如"姓名列和总评成绩列",点击菜单栏"插入"→"图表",选择"柱形图"→"簇状柱形图",点击确定按钮即可完成图表的创建,如图 4-27 所示。

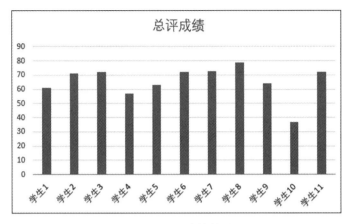

图 4-27　总评成绩柱形图

（2）编辑图表：可继续对图表进行编辑，主要有更改图表类型、更改数据区域、设置坐标轴格式、设置绘图区格式、设置图表背景、数据标签等操作。

4.2.3　多媒体演示文稿软件 PowerPoint

PowerPoint 是一款用于制作演示文稿的应用软件，可以制作出集文字、图形、图像、音频、视频等元素于一体的多媒体演示文稿，适用于会议、演讲、教学等场合。

1. 演示文稿的创建与编辑

（1）创建 PowerPoint 新演示文稿：点击"开始"→"程序"→"PowerPoint"即可启动 PowerPoint，点击"空白演示文稿"即可新建一个空白演示文稿，默认文档名称为"演示文稿 1.pptx"，如图 4-28 所示。

图 4-28　演示文稿初始界面

（2）编辑演示文稿

1）新建幻灯片。点击菜单栏"插入"→"新建幻灯片"即可插入一张新的幻灯片。或者点击"开始"选项卡"新建幻灯片"按钮，或者在浏览视图的光标闪动处按回车键，均可创建新的幻灯片。

2）编辑幻灯片。在幻灯片大纲视图或者浏览视图选中幻灯片，可进行复制、移动、删除、隐藏幻灯片等操作。

（3）插入对象：在幻灯片普通视图中，可插入文本、图形、图像、艺术字、音频、视频等多种元素。例如插入图形图像，选中当前幻灯片，点击菜单栏"插入"→"图片"，选中要插入的图片对象即可完成。

如果需要插入音频或视频文件，则点击菜单栏"插入"→"媒体"→"音频"，选中音频文件即可完成音频插入，双击该文件图标，在菜单栏"音频工具"→"播放"选项中可设置该音频文件的播放方式及音频样式。

（4）设计模板应用：PowerPoint 提供了丰富的设计模板，如图 4-29 所示，用户可根据演示文稿主题的风格进行选择，也可以自行设计幻灯片模板。

图 4-29　设计模板

2.演示文稿动画效果设置　用户可通过"动画"选项卡中的动画效果为幻灯片的文本、图形等各个对象设置动画，控制信息播放的流程，提高演示文稿的趣味性。

（1）添加动画：在幻灯片中，选中要添加自定义动画的项目或对象，点击菜单栏"动画"→"添加动画"，即可打开添加动画窗口，用户可设置对象的动画进入效果（如出现、淡出、飞入等）、强调效果（如脉冲、彩色脉冲、跷跷板等）、退出效果（如消失、淡出、飞出等）、动作路径等，点击相应图标即可添加相应的动画。

为幻灯片项目或对象添加动画效果后，该对象旁边会出现一个带有数字的彩色矩形标志,表示其动画播放顺序。另外,还可设置该动画的触发方式、持续时间等。

(2)设置动画:如果需要修改某对象的动画效果,则选中该对象后重新点击菜单栏"动画"→"效果选项",重新点击相应图标即可修改相应的动画。

另外,为同一张幻灯片中多个对象设定动画效果后,还可以通过"动画窗格"进行播放顺序的调整。

(3)幻灯片切换效果:幻灯片切换是指在幻灯片放映期间从一张幻灯片到下一张幻灯片的动画效果。用户可以为一组幻灯片设置同一种切换方式,也可以为每一张幻灯片设置不同的切换方式。同时切换时可添加声音效果,增加演示文稿的趣味性。

3.演示文稿放映与导出设置

(1)幻灯片放映:用户根据已经制作完成的演示文稿,可以定义放映哪些幻灯片以及放映幻灯片的顺序等。点击菜单栏"幻灯片放映"→"从头开始"图标,或者按"F5"功能键从第一张幻灯片开始放映;点击"从当前幻灯片开始"图标,则从当前活动幻灯片页面开始放映;点击"自定义幻灯片放映",则可以从演示文稿中选择要放映的幻灯片进行放映。

用户也可以设置放映类型,主要有"演讲者放映""观众自行浏览"和"在展台浏览"三种类型。

(2)文件保存类型:演示文稿制作完成后,用户一般默认保存为"pptx"格式。

另外,PPT文档支持保存为多种类型,点击菜单栏"文件"→"另存为",在保存类型下拉列表中选择文件格式,如ppsx、potx、pdf、jpg、mp4等,如图4-30所示,用户根据需求进行选择,然后点击"保存"按钮即可完成文件另存。

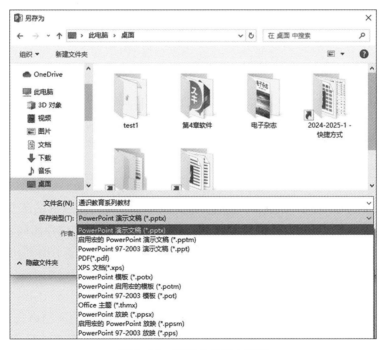

图4-30 PPT文件保存类型

（3）文件导出功能：点击"文件"→"导出"，可实现"创建 PDF/XPS 文档"/"创建视频""将演示文稿打包成 CD"/"创建讲义"/"更改文件类型"等功能。如果需要设置演示视频的分辨率等选项，则可通过"创建视频"进行实现。

4.3　电子图书浏览与制作

电子图书和人们的日常生活联系越来越紧密，例如数字图书馆、多媒体光盘、电子教材或互联网等，浏览和制作电子图书成为用户常备技能之一。

4.3.1　电子图书与数字资源

电子图书又称 e-Book，是信息技术飞速发展的现今印刷型图书的数字化形式，是利用计算机存储介质来储存图书信息的一种新型图书记载形式，易于存储和传输，大大提高了资源的利用率。电子图书广泛来自于数字图书馆、多媒体光盘、电子教材或互联网等，类型有电子图书、电子期刊、电子报纸和软件读物等。电子图书的格式主要有 TXT、PDF、EXE、PDG、CAJ、CHM、EPUB 等。

数字资源是指将计算机技术、通信技术及多媒体技术相互融合而形成的以数字形式发布、存取、利用的信息资源的总和。数字资源有多种类型，例如有声读物、电子图书、视频课程、口述影像、期刊、学术论文等。

1. 常用电子图书格式

（1）TXT 文件格式：TXT 在电脑中是记事本的扩展名，这种格式普遍应用在电子产品中，纯文本格式，体积小，保存方便，适用于大多数设备，但不支持图文排版。

（2）PDF 文件格式：PDF（Portable Document Format）是一种由 Adobe 公司开发的用于创建和共享文档的文件格式，具有可跨平台、布局一致、安全可靠等特点，使其在各个领域得到广泛应用。

（3）EXE 文件格式：EXE 电子图书是一种比较流行的电子读物文件格式，阅读方便，制作简单，支持基本的文本、图片、HTML 元素等，无须安装专门的阅读器，下载后就可以直接打开。

（4）PDG 文件格式：PDG（Portable Document Graphics）是用超星数字图书馆技术制作的数字图书，尽可能保证图书的原文原貌，须使用专用软件超星阅读器阅读。

（5）CAJ 文件格式：CAJ（Chinese Academic Journal）是中国学术期刊全文数据库文件，是中国知网（CNKI）的一种专有文档格式，主要用于存储和传输学术文献，如期刊文章、学位论文等，须使用专用软件 CAJ Viewer 阅读。

（6）CHM 文件格式：CHM（Compiled Help Manual）是一种帮助文档格式，是微软公司推出的基于 HTML 的帮助文件系统，可以通过 URL 与 Internet 联系在一起，用户可查看和交互式浏览内容，无须额外的阅读工具。CHM 文件因使用方便、形式多样，也被采用作为电子书的格式。

2. 常用数字资源平台

（1）中国知网（https://www.cnki.net/）：中国知网（简称 CNKI）面向海内外读者提供中国学术文献、外文文献、硕博学位论文、报纸、会议、年鉴、工具书等各类资源统一检索、统一导航、在线阅读和下载服务。内容覆盖自然科学、工程技术、农业、哲学、医学、人文社会科学等各个领域。

（2）万方数据（https://g.wanfangdata.com.cn/）：万方平台整合数亿条全球优质学术资源，集成期刊、学位、会议、标准、专利等十余种资源类型，是国内一流的品质知识资源出版、增值服务平台。

（3）维普中文期刊数据库（https://qikan.cqvip.com/）：维普中文期刊全文数据库收录了自 1989 年以来的近万种科技期刊，涵盖了自然科学、工程技术、农业、医药卫生、经济、教育等多个学科领域的数万余种中文期刊数据资源。

（4）超星汇雅电子图书馆（https://www.sslibrary.com/）：超星汇雅电子图书馆涵盖各学科领域，目前已有 140 万种电子图书全文，为高校、科研机构的教学和工作提供了大量宝贵的参考资料，同时也是读者学习娱乐的好助手。

（5）Web of Science（https://webofscience.clarivate.cn/）：Web of Science 是美国科学情报研究所（ISI）三大引文数据库的 Web 版，是全球最大、覆盖学科最多的综合性学术信息资源，收录了自然科学、工程技术、生物医学等各个研究领域最具影响力的多种核心学术期刊。

（6）PubMed（https://pubmed.ncbi.nlm.nih.gov/）：PubMed 是生物医学领域科研人员必不可少的文献数据库。收录了超过 3400 万来自生命科学期刊和在线书籍的生物医学文献，面向全球免费提供最新的生物医学信息。

（7）百度文库（https://eduai.baidu.com/）：百度文库是一个在线文档分享平台，汇聚了海量文档资源，涵盖教育、科技、文学、经济等多个领域。用户可在此上传、分享和下载各类文档，满足多样化的学习和工作需求，是广大用户获取知识和信息的重要渠道。

（8）文泉学堂（https://lib-sjtu.wqxuetang.com/）：文泉学堂是一个专为国内高等院校师生定制的专业知识内容资源库，整合了正版电子书资源，包括多媒体课件和特色课程内容资源。覆盖自然科学和社会科学两大领域，涉及计算机电子信息、理科、工科、建筑、医学、社科等多个学科。

（9）万方医学网（https://v.med.wanfangdata.com.cn/）：万方医学网是面向广大医院、医学院校、科研机构、药械企业及医疗卫生从业人员的医学信息整合服务平台，收录中华医学会、中国医师协会等权威机构主办的 220 余种中外文医学期刊，拥有 1000 余种中文生物医学期刊、4100 余种外文医学期刊，930 余部医学视频等高品质医学资源。

（10）万方中医药知识库（https://tcm.med.wanfangdata.com.cn/）：万方医学中医药知识库是针对中医药领域特点，构建中医药知识体系，搭建的中医药知识服务平台，为中医药学者获取、学习、参考中医药知识提供参考。

4.3.2 电子图书浏览工具

电子图书浏览工具是指专门用来阅读电子书籍的设备、软件或 App,设备主要有亚马逊 Kindle、科大讯飞 IReader、小米、汉王等。软件主要有超星阅览器、PDF 浏览工具、CAJ 浏览工具、网页浏览器等。

1. 超星图书浏览工具 超星阅读器(SSReader)是超星公司专门针对数字图书的阅览、下载、版权保护和下载而研究开发的一款图书阅读器,支持 PDG、PDF 等主流电子书格式。用户在浏览器中打开超星电子图书馆,可下载及安装超星阅读器软件,也可在线阅读电子图书。

(1)浏览超星电子图书:在超星电子图书馆官网检索框中输入检索词"伤寒论",点击"检索"按钮,则相关的图书检索结果如图 4-31 所示。用户可点击"EPUB 阅读"或者"PDF 阅读"进行在线阅读,也可点击"下载"将图书下载至本地阅读(提醒:本地阅读需安装超星阅读器)。

图 4-31　电子图书检索结果

用户点击"下载"按钮,选择打开超星阅读器,选择图书保存位置,如"C:\Users\zhe\Documents\My Ebooks\",点击"下载"按钮即可完成图书下载(文件为"伤寒论纲目_96281329.pdz")。

使用超星阅读器打开图书的页面如图 4-32 所示。

（2）浏览超星期刊论文：打开超星期刊网站（https://qikan.chaoxing.com），输入检索词"中医药 AI"，检索结果如图 4-33 所示。用户可选择 HTML 在线阅读、PDF 下载、阅读助手、引用、收藏、分享及扫码阅读全文等阅读方式。

图 4-32　超星阅读器阅览图书

图 4-33　超星期刊检索结果

2. PDF 浏览工具　常用的 PDF 浏览软件有 Adobe Reader、Adobe Acrobat、WPS Office、福昕阅读器等。目前主流网页浏览器也均支持浏览 PDF 文件。

（1）浏览 PDF 文件：以 Adobe Acrobat 软件为例，右击"PDF 文件"→"打开方式"→

"Adobe Acrobat"即可打开 PDF 文件。

（2）设置 PDF 页面：PDF 文件打开后，用户通过 Adobe Acrobat 软件可设置 PDF 页面的浏览方式、显示比例等，同时可以通过注释工具栏、旋转视图、图画标记工具栏、图画工具栏设置 PDF 页面。

3.CAJ 文件浏览工具　CAJ 文件需要 CAJ Viewer 软件才可以打开，可通过中国知网官网进行下载。

（1）获取及浏览 CAJ 文件：打开中国知网，输入检索词"AI+中医"，点击"检索"按钮，即可显示出所有相关内容（如学术期刊、学位论文、会议、报纸等）。点击"学位论文"选项，点击某论文对应的"下载"图标，图 4-34 所示，可完成该论文 CAJ 文件的下载。或者打开论文链接页面后，进行该论文的在线阅读或者其他文件格式的下载。

图 4-34　CNKI 检索页面

（2）设置 CAJ 页面：打开 CAJ 文件之后，用户可通过 CAJ Viewer 软件设置 CAJ 页面的阅读视图、显示比例等，同时可以通过高亮文本、下画线、删除线、文本框等元素等标注页面，通过工具选项进行文字识别、选择图像、划词翻译、全文翻译等操作。

4.3.3　电子图书制作与编辑

电子图书制作工具是一种可以制作电子书的软件，它允许用户插入文本、图片、图片、音频、视频等多种媒体内容，并且可以对电子图书页面进行修改、美化等操作。电子图书制作工具不仅可以帮助用户制作电子书，还提供了丰富的编辑功能，使用户能够自定义电子书的外观和内容，增加互动性和趣味性。

1. 制作与编辑 PDF 文档　创建及编辑 PDF 文档可以通过多种方法完成,具体方法取决于用户需求和可用的工具软件,常用的专业制作软件有 Adobe Acrobat、WPS Office、福昕等。

(1)创建 PDF 文档

方法 1:使用"文件另存为"。

打开用户文档(如 docx、xlsx、pptx 等格式),点击菜单栏"文件"→"另存为",选择文件保存位置,输入文件名,保存类型选择"PDF(* . pdf)",如图 4-35 所示,点击"保存"按钮可创建相应的 PDF 文件。

图 4-35　"文档另存为"转换 PDF 文档

方法 2:使用虚拟打印机。

打开用户文档(如 docx、xlsx、pptx、jpeg 等格式),点击菜单栏"文件"→"打印",弹出对话框如图 4-36 所示,打印机列表中选择"Microsoft Print to PDF",点击"打印"按钮,然后在弹出的对话框中选择文档保存位置,输入文件名及文件类型,即可创建相应的 PDF 文档。

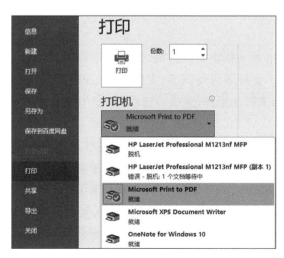

图 4-36　"文档打印"转换 PDF 文档

方法3:使用专业应用软件。

Adobe Acrobat 是常见的 PDF 文档制作与编辑软件,主要功能有创建 PDF 文档、编辑 PDF 文档、注释、组织页面等,还可以将图片、文字转换为 PDF 文档,是一款优秀的 PDF 文档编辑软件。

启动 Adobe Acrobat Professional 软件,点击菜单栏"文件"→"创建 PDF"→"从文件/从多个文件/从扫描仪/从网页",选择"从文件",如图4-37所示,在弹出的对话框中选择要转换的文件,点击"确定"即可完成转换为 PDF 文档。

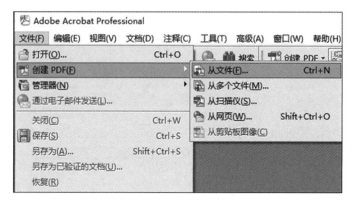

图4-37 使用专业软件创建 PDF 文档

对于图片文件,右击该图片,在其快捷菜单"打开方式"中选择"Adobe Acrobat",即可使用 Adobe Acrobat 软件打开该图片,直接点击"保存"按钮,选择保存位置,输入文件名及保存类型,即可完成图片文件转换为 PDF 文档。

方法4:使用智能手机应用程序(App)。

在智能设备上,也有许多应用程序可以用来建立 PDF 文档。例如扫描全能王、WPS、福昕等 App,它们允许用户将照片或扫描的文档转换为 PDF 文档,并进行相应的编辑和共享。

"扫描全能王"App 是一款集文件扫描、图片文字提取识别、PDF 编辑修改等功能于一体的智能扫描软件。支持多设备同步,支持 JPEG、PDF 等多格式保存。用户点击"拍照"按钮即可实时拍摄文件或证件,完成后选择"更多",可选择将图片保存至相册或者转换为 PDF 文档。

(2)编辑 PDF 文档:PDF 文档完成后,如果需要对其进行插入页面、移动页面、删除页面、旋转页面以及拆分文档等操作,则需要专业编辑软件来完成。

1)插入页面。以 Adobe Acrobat 软件为例,打开要编辑的 PDF 文档,如果需要在页面中增加其他 PDF 文档,则点击菜单栏"文档"→"插入页面",如图4-38所示。然后在对话框中点击"选择"按钮选择要插入的 PDF 文件,选择新文档插入位置,如页面最后一页之后,如图4-39所示,点击"确定"即完成新文档的插入。依此类推,最后点击"保存"按钮即可完成多个 PDF 文档的合并。

2）删除页面。如果需要删除 PDF 文档的某页面，可在页面视图中右击该页面，选择"删除页面"即可完成页面的删除，如图 4-40 所示。用户也可以选中该页面后，点击菜单栏"文档"→"删除页面"进行删除该页面。

3）提取页面。如果需要提取 PDF 文档的某范围的页面，可点击"提取页面"，输入页面范围，如图 4-41 所示，点击"确定"按钮即可生成新的 PDF 文档。

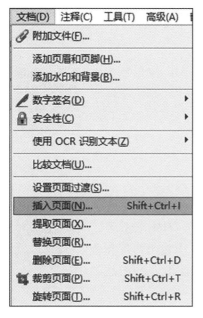

图 4-38　插入页面

图 4-39　选择插入页面位置

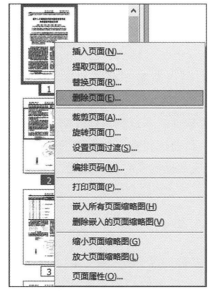

图 4-40　删除页面

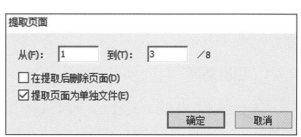

图 4-41　提取页面

2.制作与编辑电子期刊

（1）FLBOOK：FLBOOK 电刊平台（https://flbook.com.cn/）是一款集 HTML5 电子杂志、电子画册、电子期刊、企业内刊、电子书刊的在线制作、发布、跨客户端阅读于一体的智能化平台。

FLBOOK
制作电子期刊

如果需要使用模板制作电子书刊，在 FLBOOK 中选择"套用模板创建"，选择"书刊模式"，选择书刊风格，如"诗集、节日、教育画册或者教育读本"等模版，点击"立即使用"按钮即可使用模版创建电子期刊。

FLBOOK 制作电子期刊过程可扫描二维码查看。

（2）ZineMaker：ZineMaker 是一款电脑端的电子杂志制作软件，软件小巧，适用于专业公司和个人使用。该软件具有操作界面简洁、易于学习和使用的特点。用户可以生成独立的 EXE 文件或者直接上传在线杂志直接浏览，无须其他平台或插件支持。

ZineMaker
制作电子期刊

ZineMaker 制作电子期刊过程可扫描二维码查看。

3.制作与编辑 CHM 电子书

制作 CHM 文件的软件有很多种，例如 Super CHM、Easy CHM、CHM 制作精灵、CHM 电子书制作器等软件。Easy CHM 是一款 CHM 电子书或 CHM 帮助文件的快速制作工具，适合个人和单位制作高压缩比的带有全文检索及高亮显示搜索结果的网页集锦、CHM 帮助文件、专业的产品说明、公司介绍、CHM 电子书等。

CHM
电子书制作过程

CHM 电子书制作过程可扫描二维码查看。

4.4　语言翻译

翻译是在准确、通顺的基础上，把一种语言信息转变成另一种语言信息的行为。语言互译类工具软件主要包括在线翻译和本地翻译软件，以及翻译聊天工具和语音翻译器。

在线翻译基于互联网浏览器进行翻译，不需要安装软件。本地翻译软件则是在用户的设备上直接运行，个别本地软件不需联网也可翻译。目前比较常用的翻译工具软件有百度翻译、有道翻译、讯飞翻译、金山词霸等，这些软件通常提供实时翻译功能，支持多种语言之间的互译。

4.4.1　百度翻译

百度翻译拥有网页、App、百度小程序、电脑端等多种产品形态，除文本、网页翻译外，推出了文档翻译、图片翻译、拍照翻译、语音翻译等多模态的翻译功能，以及海量例句、权威词典等丰富的外语资源，实用口语、英语跟读、英语短视频、AI 背单词等外语学习功能,满足用户多样性的翻译需求和学习需求。

1.在线翻译　在浏览器中打开百度翻译官网(https://fanyi. baidu. com/),可输入文本、网址、链接,也可以上传文档文件(如 docx、pdf、xlsx、pptx、txt 等格式),可实现在线实时翻译。例如输入英文"Republic",则可以实时翻译为中文"共和国"。

2.电脑端翻译　百度翻译电脑版具备人工翻译、文档翻译、截图翻译、划译功能。用户可在百度翻译网页底部点击下载及安装,Windows 版软件首页如图 4-42 所示。

百度翻译电脑版的使用方法见二维码。

百度翻译
使用方法

图 4-42　百度翻译电脑版

3.智能设备 App 版　用户在智能设备上搜索"百度翻译"App,然后点击安装即可。主要包括拍照翻译、英文取词、对话翻译、同声传译、网页翻译等功能。用户也可以使用"背单词""AI 口语练习""发现"等功能。

4.4.2　金山词霸

金山词霸是一款金山公司推出的词典软件,可离线使用,全面收录了《柯林斯COBUILD 高阶英汉双解学习词典》等多本专业权威词典,提供详细释义和例句。同时支持中文与英语、法语、韩语、日语、西班牙语、德语六种语言互译,以及专业查词、智能翻译、文档翻译、图片翻译、AI 背单词、写作校对、语音翻译、取词、划译等功能。用户可通过金山词霸官网(https://www. iciba. com/)选择"PC 个人版"进行下载及安装。金山词霸电脑版首页,如图 4-43 所示。

金山词霸的使用方法见二维码。

金山词霸
使用方法

图 4-43　金山词霸电脑版首页

4.5　AI 在办公领域中的应用

人工智能(AI)在办公工具软件中的应用日益广泛,极大地提升了工作效率和办公体验。AI 能够自动处理烦琐任务,如智能写作、数据处理、日程安排等,同时提供创意辅助和数据分析支持。这些功能不仅帮助用户节省时间,还能提高工作质量和决策效率。随着技术的不断进步,AI 办公工具将更加智能化、个性化,成为现代职场不可或缺的一部分。

4.5.1　百度"文心一言"

"文心一言"是百度全新一代知识增强大语言模型,它能够与人对话互动、回答问题、协助创作,旨在更高效地帮助人们获取信息、知识和灵感。文言一心拥有自然人性化的语言表达,并且能够分析文本内容、结构和风格,帮助用户写出质量颇高的文章。此外,文心一言内置了多种丰富的写作模板,涵盖商务邮件、简历、论文等多种文章类型,用户可根据需求选择对应的写作模板,达到高效且准确的写作体验。

文心一言
使用方法

"文心一言"的使用方法见二维码。

4.5.2 科大讯飞"讯飞星火"

"讯飞星火"是科大讯飞推出的新一代认知智能大模型,拥有跨领域的知识和语言理解能力,能够基于自然对话方式理解与执行任务,该模型具有文本生成、语言理解、知识问答、逻辑推理、数学能力、代码能力、多模交互等能力,包括但不限于文案创作、知识问答、文件翻译/PPT 生成、AI 润色、图片视频生成等。此外,讯飞星火还支持多语种语音识别与合成。

"讯飞星火"的使用方法见二维码。

讯飞星火
使用方法

4.6 练习题

1. 如何输入"日语、韩语、西班牙"等国外语言,简述实现过程。
2. 简述 Microsoft Office 与 WPS Office 的联系与区别。
3. 与传统媒介相比,电子图书有哪些特点?
4. 简述个人数字图书馆的创建及使用。
5. AI 技术可应用在哪些办公领域?

第五章 网络常用工具

随着计算机和互联网技术的快速发展,网络更多地出现在人们的学习、生活和工作中,通过网络可以实现对信息资源的搜索、下载、存储以及传输,由此产生了许多网络上的常用工具,涵盖了浏览器、下载工具、存储工具、通信软件、在线学习等多方面,这些工具各具特色,能够满足用户在不同场景下的需求。

5.1 网络基础知识

1. IP 地址   IP 地址(Internet Protocol Address)是指互联网协议地址,是 IP 协议提供的一种统一的地址格式,它为互联网上的每一个网络和每一台主机都分配一个逻辑地址。在 Internet 上,每一个节点都依靠唯一的 IP 地址互相区分和相互联系。目前使用的 IP 地址是 IPv4,它包括 4 段数字,每一段最大不超过 255,如 211.69.32.50。由于互联网的快速发展,IP 地址的需求量愈来愈大,为了扩大地址空间,逐渐采用 IPv6 重新定义地址空间。

2. 域名   访问网站时,数字型的 IP 地址不便于记忆,并且无法直接表明地址含义,在使用时多有不便。为了解决这一问题,采用字符型标志来代替数字型的 IP 地址,这种字符型标志即为域名(Domain Name)。通过域名系统(Domain Name System,DNS)将域名和 IP 地址相互映射,可以更方便地访问互联网。域名入网结构包括主机名、机构名、网络名、最高层域名,每个子域用"."分开,从右到左的各个子域名分别表示不同国家或地区的名称、组织类型、组织名称、分组织名称和主机名。如域名"www. hactcm. edu. cn"中". cn"和". edu"为顶级域名,表示国家名称和组织类型。"hactcm"为二级域名,表示组织名称。

3. URL   URL(Uniform Resource Locator,统一资源定位系统)是万维网(World Wide Web,即 WWW)服务程序上用于指定信息位置的表示方法,专为标识 Internet 网上资源位置而设置的,表明从互联网上得到的资源的位置和访问方法,平时所说的网页地址指的即是 URL,互联网上的每个文件都有一个唯一的 URL。URL 是由一串字符组成,这些字符可以是字母,数字和特殊符号。基本 URL 包含模式(或称协议)、服务器名称(或 IP 地址)、路径和文件名,如"https://www. hactcm. edu. cn/xxgk/xxjj. htm",其中"https"指超文本传输协议,"www. hactcm. edu. cn"为域名,代表对应的服务器名称,"xxgk/xxjj. htm"为该网页保存路径和名称。

4. HTTP/HTTPS HTTP(Hypertext Transfer Protocol,超文本传输协议)是一种用于分布式、协作式和超媒体信息系统的应用层协议,是万维网数据通信的基础,用来指定客户端可能发送给服务器的消息,以及得到的响应。客户端是终端用户,可以通过 Web 浏览器、网络爬虫或其他工具发起请求。服务器端是提供资源的 Web 服务器。客户端向服务器发送一个 HTTP 请求,服务器接收并处理请求后,返回相应的 HTTP 响应给客户端。HTTPS(Hypertext Transfer Protocol Secure)在 HTTP 的基础上通过数字证书、加密算法、非对称密钥等技术完成互联网数据传输加密,实现互联网传输安全保护。

5.2 网页浏览器

网页浏览器简称浏览器,是用来检索、展示以及传递 Web 信息资源的应用程序。目前,WWW 环境中的主流浏览器有 Edge、Mozilla Firefox、Opera、Google Chrome、360 安全浏览器、搜狗浏览器、QQ 浏览器、百度浏览器等。

5.2.1 Microsoft Edge

Microsoft Edge 是微软公司开发的网页浏览器,该浏览器在 Windows 10 和 Windows 10 Mobile 中取代了原先的 IE 浏览器,成为微软公司目前唯一正在运营的网页浏览器。

1. 下载和安装 Microsoft Edge 支持 Windows、Mac 和 Linux 操作系统,用户可以访问其官网(https://www.microsoft.com/zh-cn/edge/download)选择适合的版本进行下载、安装。Edge 浏览器的整体布局简洁现代,主要分为标题栏、地址栏、工具栏、标签页等区域,如图 5-1 所示。

图 5-1 Edge 浏览器主窗口

2. 整理收藏夹　打开需要收藏的网页,点击浏览器窗口地址栏右侧的"收藏"按钮即可收藏当前网页。在工具栏的"收藏夹"中可以查看收藏的网页、添加收藏夹、添加文件夹、搜索收藏夹等操作。点击"…"按钮,还可以进行收藏夹的导入、导出、删除等操作,如图 5-2 所示。

3. 管理历史记录　点击工具栏"设置及其他"→"历史记录",可以查看浏览过的网页历史记录,点击网页右侧对应的按钮"×",即可删除该网页的浏览记录。另外,在历史记录的搜索框中输入关键词可以查找历史网页,点击"…"按钮还可以导出历史浏览记录,如图 5-3 所示。

图 5-2　整理收藏夹

图 5-3　管理历史记录

为了保护用户隐私,可以删除浏览器中的历史记录、密码、Cookie 等信息。点击"隐私、搜索和服务"→"删除浏览数据"→"选择要清除的内容"→"立即清除",即可清除选中的浏览记录,如图 5-4 所示。

图 5-4　删除浏览记录

4.设置浏览器　打开 Edge 浏览器,点击工具栏"…"→"设置",打开浏览器设置页面,通过左侧的目录栏可以根据需要对浏览器进行个人资料、隐私、外观、主页、下载、网站权限等功能的设置,如图 5-5 所示。

图 5-5　设置浏览器

(1)设置浏览器启动页和主页。点击"开始、主页和新建标签页"→"打开以下页面"→"添加新页面"→"输入 URL"→"添加",可以设置 Edge 启动时打开的页面,如图 5-6 所示。

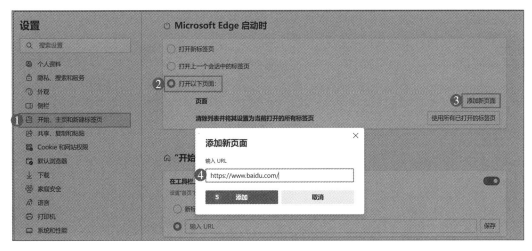

图 5-6　设置浏览器启动页

点击"开始、主页和新建标签页"→"显示按钮"→"输入 URL"→"保存",可以设置浏览器的主页,如图 5-7 所示。在使用浏览器时,点击工具栏上的主页按钮即可打开该网页。

图5-7　设置浏览器主页

（2）设置隐私和安全性。点击"隐私、搜索和服务"，可以设置跟踪防护等级（基本、平衡、严格），管理网站权限（如位置、摄像头、麦克风等），以及清除浏览数据等。在其中的"安全性"部分，可以根据需要开启或关闭 Windows Defender SmartScreen、阻止可能不需要的应用等功能，以增强浏览器的安全性。

（3）设置系统和性能。点击"系统和性能"，可以设置浏览器使用硬件加速（如 GPU 加速）、启动增强模式等，以提升浏览器的运行速度和性能。

（4）其他。Edge 浏览器还提供了许多其他设置选项，如外观、下载、语言设置、无障碍访问、打印设置等。用户可以根据需求进行相应的设置和调整。

5. 其他应用　Edge 浏览器除了提供浏览网页、收藏网页、管理历史记录等主要功能外，还提供了保存网页、打印网页、网页截图、朗读网页、PDF 阅读等操作功能。

Edge 浏览器其他应用的使用方法见二维码。

Edge 浏览器
其他应用
使用方法

5.2.2　Google Chrome

Google Chrome 中文名称为谷歌浏览器，是一款由 Google 公司开发的网页浏览器，支持 Microsoft Windows、MacOS、Linux、Android 以及 iOS 版本，如图5-8所示。

图 5-8 Google Chrome 浏览器

5.2.3 Firefox

Firefox 浏览器(火狐浏览器),是一款自由及开放源代码的网页浏览器,支持多种操作系统,如 Windows、MacOS 及 GNU/Linux 等,是目前主流的浏览器,如图 5-9 所示。

图 5-9 Firefox 浏览器

5.3　网络下载

网络下载是指将远程服务器上的文件或数据传输到本地设备的过程,有 HTTP/FTP 下载、BT 下载等多种下载方式。网络下载工具是一种可以更快地从网上下载文本、图像、视频、音频、动画等信息资源的软件。

5.3.1　迅雷

迅雷是迅雷公司开发的一款基于多资源超线程技术的下载软件,支持 HTTP、FTP、BT 等多种下载协议,支持多任务同时下载、断点续传、下载速度控制等功能,能够自动搜索并连接到互联网上的资源服务器,实现高速下载。

1.下载和安装　在浏览器中打开迅雷官网(https://www.xunlei.com),选择适合的版本进行下载、安装。安装完成后,在迅雷主界面的左侧目录中,可以进行下载、云盘、游戏等操作,如图 5-10 所示。

图 5-10　迅雷主界面

2.新建下载任务　迅雷有浏览器集成下载和迅雷新建下载两种下载方式,这里介绍在迅雷软件中新建下载的方法。在迅雷主界面的"下载"选项中,点击"下载中"→"新建"→"添加链接或口令"→"下载到",输入链接或口令后,选择下载位置,点击"立即下载"即可下载该文件,如图 5-11 所示。

图 5-11　使用迅雷下载文件

3. 管理下载文件　在迅雷的主界面可以看到所有正在下载的任务,点击某个任务,可以查看其下载进度、速度、剩余时间等信息,也可以暂停或继续该任务。下载完成的文件可以在"已完成"中查看。选中文件,通过鼠标右键菜单可以查看文件信息,打开文件所在文件夹,可以对文件进行删除、重命名、重新下载,如图 5-12 所示。

图 5-12　管理下载文件

4. 软件设置　点击迅雷"主菜单"→"设置",打开迅雷设置窗口,可以进行基本设置、

云盘设置、下载设置、任务管理等操作,如图 5-13 所示。

图 5-13 设置迅雷

5.3.2 IDM

IDM(Internet Download Manager)是一款在 Windows 平台上广泛使用的多线程下载工具,支持续传和一键下载,还能够智能调整下载速度,并支持多种浏览器集成,主要适用于需要快速下载大文件或批量下载多个文件的场景。

IDM 下载的使用方法见二维码。

IDM 下载
使用方法

5.4 网络存储

网络存储(Network Storage)是一种基于网络的数据存储方式,它通过网络连接存储设备和服务器或客户端,实现数据的集中存储和共享。具有便捷性、灵活性、安全性以及对网络连接的依赖性等特点。

5.4.1 百度网盘

百度网盘是由百度公司推出的云盘存储服务。用户可以将自己的文件上传到网盘上,并可跨终端随时随地查看、管理、下载和分享。

1.下载和安装 百度网盘提供了 Windows 版、Mac 版、Linux 版等多个版本,用户可以访问其官网(https://pan.baidu.com/download)选择适合的版本客户端进行下载、安装。安装成功后,在百度网盘主界面的左侧目录中,用户可以进行在线存储、分享、下载和管理文件等操作,如图5-14所示。

图5-14　百度网盘主界面

2.上传文件　在百度网盘的主界面,点击"上传"按钮,在弹出的对话框中选择需要上传的文件或文件夹,点击"存入百度网盘"按钮,文件将开始上传至百度网盘,上传速度取决于网络状况和文件大小,如图5-15所示。

图5-15　上传文件

3. 管理文件　存储在网盘中的文件,用户可以进行新建文件夹、下载、重命名、复制、移动、删除等操作,如图 5-16 所示。

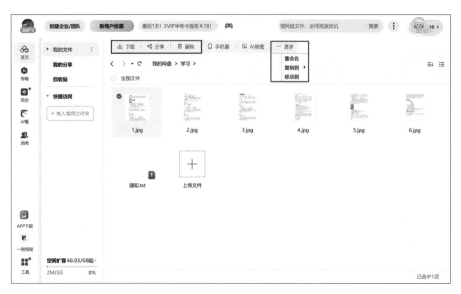

图 5-16　管理文件

4. 分享文件　选中需要分享的文件或文件夹,点击"分享"按钮,在弹出的"分享文件"窗口中,设置分享形式、提取方式、访问人数以及有效期,点击"创建链接",则生成分享链接和提取码,如图 5-17、图 5-18 所示。

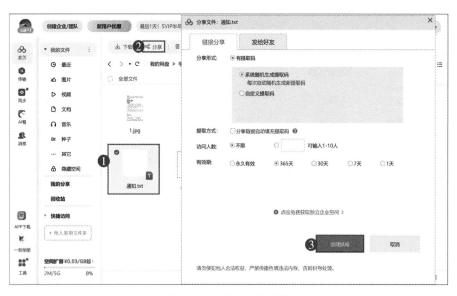

图 5-17　创建分享链接

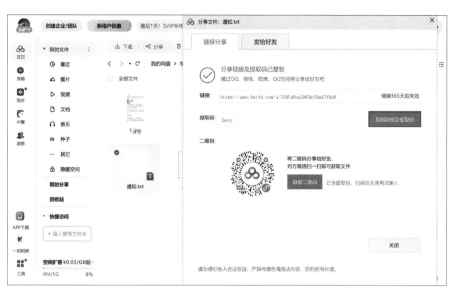

图 5-18 生成分享链接和提取码

在百度网盘主界面的"我的分享"中，可以查看分享文件的信息，也可以对文件进行取消分享、复制链接、导出链接等操作，如图 5-19 所示。

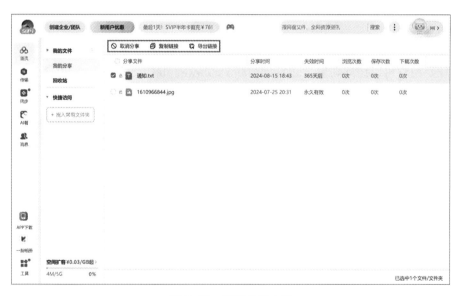

图 5-19 管理分享文件

5.设置网盘 在百度网盘主界面点击"更多"→"设置"，在弹出的设置界面中，可以对网盘进行基本设置，也可以进行传输、隐私、安全等设置，如图 5-20 所示。

图 5-20 设置百度网盘

5.4.2 阿里云盘

阿里云盘是阿里巴巴推出的一款为 PC 端和移动端用户提供云端存储、数据备份及智能相册等服务的个人网盘,支持 Windows、Mac、Android、iOS 系统。用户可以访问阿里云盘官网(https://www.alipan.com)下载和安装该软件。

阿里云盘
使用方法

阿里云盘的使用方法见二维码。

5.5 网络通信

网络通信工具是指用于实现不同设备之间数据传输和通信的软件或硬件,这些工具使得信息可以在不同地点、不同设备之间进行传输。常见的网络通信工具有电子邮件、即时通信、微博、远程登录等。

5.5.1 电子邮件

电子邮件(Electronic Mail,简称 e-mail),是通过计算机网络传输的电子信息交流方式。它通过互联网或内部网络将文字、图像、音频和视频等信息以电子形式传递给一个或多个收件人。电子邮件通过电子邮箱进行收发和管理,邮箱格式通常由用户名、@ 符号和域名三部分组成,如 example@163.com。

1.网易邮箱　网易邮箱是网易公司推出的一种网络电子邮箱服务,包括 163 邮箱、126 邮箱和网易企业邮箱。163 邮箱、126 邮箱是面向个人用户的免费邮箱,用户可以通过网页、手机客户端等多种方式访问和管理自己的邮箱。

(1)注册邮箱:在浏览器中打开网易邮箱(https://email.163.com),点击"注册新账号"打开注册页面。邮箱注册分为手机号快速注册和普通注册两种方式,以普通注册为例,根据提示输入用户名、密码和手机号,点击"立即注册",则邮箱注册成功,如图 5-21 所示。

图 5-21　注册邮箱

(2)收发邮件

1)接收邮件。登录邮箱,点击"收信"按钮,则在右侧会显示收件箱中邮件,点击邮件即可查看邮件内容。如果需要回复邮件,可以在邮件页面中点击"回复"按钮,填写回复内容后发送,如图 5-22 所示。

图 5-22　接收邮件

2）发送邮件。点击"写信"按钮,进入邮件编辑页面。在"收件人"栏中输入收件人的邮箱地址、填写邮件的主题和正文内容,如有需要可以点击"添加附件"按钮,上传需要发送的文件。邮件发送前可以预览邮件,也可以将邮件存入草稿箱。点击"发送"按钮,邮件即会发送到指定的邮箱。发送同时还可以点击"抄送"按钮,同时将邮件发送给多个收件人,也可以设置时间,进行定时发送,如图5-23所示。

图5-23　发送邮件

（3）设置邮箱:点击"设置"→"常规设置",对邮箱进行基本设置,如每页显示邮件数量、是否自动回复或转发、发送后邮件是否保存、邮件撤回、删除、写信设置等。除此之外,还可以修改邮箱密码、设置签名、设置邮箱安全、添加黑名单等,如图5-24所示。

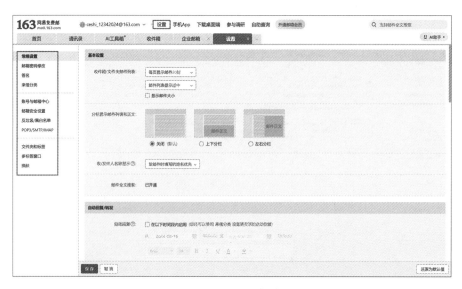

图5-24　设置邮箱

2. QQ 邮箱　QQ 邮箱（https://mail.qq.com）是腾讯公司推出的网络邮件服务，是基于用户 QQ 号码提供的邮箱服务，能够与 QQ 即时消息互通，具备邮件发送、接收、回复、转发、草稿箱、已发送、已删除等基本功能。用户可以使用自己的 QQ 号码作为邮箱地址，格式为"QQ 号@qq.com"。

3. 新浪邮箱　新浪邮箱（https://mail.sina.com.cn/）是新浪网推出的电子邮件服务产品，支持网页版、手机版、桌面版等多种客户端登录方式，主要为用户提供以@sina.com 和@sina.cn 为后缀的免费邮箱和 VIP 收费邮箱服务。

5.5.2　即时通信

即时通信（Instant Messaging，简称 IM）是一种基于互联网的实时通信方式，允许两人或多人通过网络实时地传递文字消息、文件、语音和视频交流。当前常见的即时通信软件有微信、QQ、钉钉、阿里旺旺、Facebook Messenger 等。

1. QQ　腾讯 QQ，是腾讯公司推出的一款基于互联网的即时通信软件，覆盖了 Windows、MacOS、Android、iOS、Linux 等多种操作平台，支持在线聊天、视频通话、点对点断点续传文件、共享文件、好友管理、QQ 空间等多种功能，并可与多种通信终端相连。

2. 微信　微信（WeChat）是一款提供即时通信服务的免费应用程序，通过网络快速发送语音短信、视频、图片和文字，支持跨通信运营商、跨操作系统平台。另外，微信还提供公众平台、朋友圈、消息推送等功能，用户可以通过多种方式添加好友和关注公众平台。

5.5.3　微博

微博是一个基于用户关系信息分享、传播以及获取的社交媒体、网络平台，具有内容发布、转发、关注、评论、搜索、私信等功能。通常以文字、图片、视频等多媒体形式实现信息的即时分享、传播互动。新浪推出的"新浪微博"是门户网站中第一家提供微博服务的网站，后改名为"微博"。若无特别说明，通常"微博"即指新浪微博。

微博的使用方法见二维码。

微博
使用方法

5.5.4　远程登录

远程登录允许用户通过网络连接到远程计算机，从而能够像操作本地计算机一样使用远程计算机的资源和服务。

1. 使用 Windows 远程桌面登录

（1）开启远程桌面功能：在需要被远程登录的电脑（被控制端）上单击"开始"→"设置"→"系统"→"远程桌面"→"启用远程桌面"，点击"确认"按钮即可启用远程桌面，如图 5-25 所示。

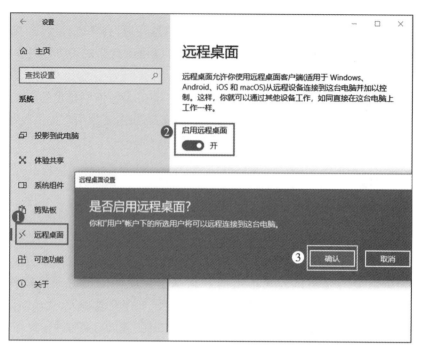

图5-25　开启远程桌面

（2）获取远程电脑的 IP 地址：在被控制端电脑上单击"开始"→"设置"→"网络与 Internet"→"状态"，单击以太网"属性"按钮，如图 5-26 所示。在显示的窗口中即可查看电脑的 IP 地址。

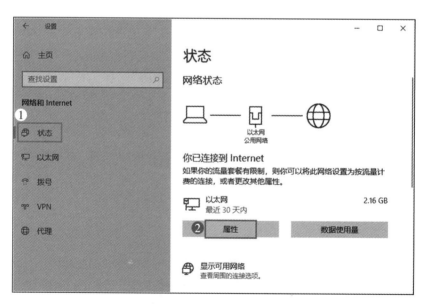

图5-26　获取 IP 地址

（3）连接被控制端电脑：在发起远程登录的电脑（控制端电脑）上，单击"开始"→"Windows 附件"→"远程桌面连接"，在显示的窗口中输入被控制端 IP 地址以及用户名、密码，单击"连接"按钮进行连接，如图 5-27 所示。

图 5-27　远程登录

2. 使用其他软件远程登录

（1）向日葵

1）下载和安装。打开向日葵官方网站（https://sunlogin.oray.com/download），根据自己的操作系统（Windows、MacOS、Linux 等）下载对应的向日葵远程控制软件版本并根据提示进行安装。

2）注册账户。打开向日葵软件，点击"登录/注册"→"账号登录"→"注册账号"，填写相关信息进行注册。也可以选择"微信登录/注册"或"手机号免密登录"，如图 5-28 所示。

图 5-28　注册账户

3)远程控制。在被登录的电脑上安装向日葵客户端,并登录与主控端相同的账号。在主控端上,点击需要控制的主机,选择"远程连接"或相应的控制选项,如图5-29所示。

图5-29　连接远程设备

（2）TeamViewer：TeamViewer 是由 TeamViewer GmbH 公司推出的一款远程控制软件,兼容 Windows、Mac、Linux、iOS、Android 等操作系统。用户可以根据系统配置和使用场景在官方网站上（https://www.teamviewer.cn/cn/download/）选择合适的版本进行下载和安装。注册登录后,用户可以通过生成的 TeamViewer ID 和密码进行连接。

5.6　网络与学习

网络学习打破了传统学习方式的束缚,不再局限于课堂和书本,也不再受时间和空间的限制,人们可以通过网络获取丰富的学习资源,包括电子图书、在线课程、学术论文、教学视频等。

5.6.1　搜索引擎

搜索引擎是用于检索互联网上的信息并返回给用户相关结果的系统。它是互联网上最重要的信息检索工具之一,通过特定的算法和程序,对互联网上的网页进行抓取、索引和排序,以便用户通过输入关键词或短语来查找所需的信息。

1. Baidu（百度）　百度是全球最大的中文搜索引擎,能够精准理解中文用户的搜索需求,提供符合本土文化的搜索服务。除了网页搜索,百度还提供贴吧、知道、百科等多样化的搜索服务。

（1）基本搜索：在浏览器中打开百度搜索引擎（https://www.baidu.com/），进入百度首页，在搜索框中，输入查询关键词，点击"百度一下"按钮，执行搜索操作。搜索结果将按照相关性和重要性进行排序，显示在搜索结果页面上。点击搜索结果中的标题或链接，即直接访问该网页，如图5-30所示。

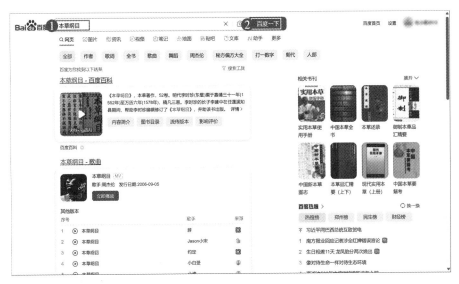

图5-30　百度搜索结果页面

（2）高级搜索：在百度首页，点击"设置"→"高级搜索"，可以设置搜索结果中包含和不包含的关键词、限定搜索网页的时间、选择文档格式、选择关键词位置。设置完成后，点击"高级搜索"按钮进行搜索，如图5-31所示。

图5-31　高级搜索

2.其他搜索引擎

（1）谷歌（Google）：谷歌搜索引擎是谷歌公司（Google）的主要产品，提供常规搜索和高级搜索两种功能，支持多语言搜索，包括中文、英文、法语、德语、日语等多种语言，满足全球用户的需求。

（2）必应（Bing）：必应是微软推出的搜索引擎，除了网页搜索外，还提供图片、视频和新闻等多种类型的搜索内容。

（3）搜狗（Sogou）：搜狗搜索是搜狐公司旗下的搜索引擎服务，不仅支持网页搜索，还包括图片、视频、音乐、学术、地图等多种类型的搜索内容。

5.6.2 全文数据库

全文数据库即收录有原始文献全文的数据库，以期刊论文、会议论文、政府出版物、研究报告、法律条文和案例、商业信息等多种类型的文本数据为主，支持多种检索方式，如关键词检索、短语检索、布尔检索等。用户可以通过输入关键词在数据库中检索对应的文本记录。

1. 中国知网（CNKI） 中国知网（CNKI）是国内最大的综合性学术文献数据库，由清华大学和同方知网（北京）技术有限公司联合开发，涵盖了几乎所有学科的学术论文、期刊、会议论文、学位论文等，提供全面的文献检索和下载服务。

（1）一框式检索：在浏览器中打开 CNKI 官方网站（https://www.cnki.net/），网站首页的检索框即为一框式检索。用户勾选文献类型，选择检索字段，在检索框内输入检索词，即可得到相关文献，如图 5-32 所示。

图 5-32 一框式检索

（2）高级检索：在 CNKI 首页点击"高级检索"，打开高级检索页面。高级检索允许用户同时设定多个检索字段，输入多个检索词，对检索词设置精确或模糊匹配，再通过点击"+"或"−"按钮添加或减少布尔逻辑（OR、AND、NOT）关系进行组合检索，并且可以设置检索的时间范围，如图 5−33 所示。

图 5−33　高级检索

（3）专业检索：在高级检索页面中选择"专业检索"。根据"专业检索使用方法"的提示，使用逻辑运算符和检索词构造检索式在检索框中进行检索，如图 5−34 所示。

图 5−34　专业检索

（4）作者发文检索：在高级检索页面中选择"作者发文检索"。根据"作者发文检索

使用方法"的提示,输入作者、作者单位,设置时间范围进行检索,如图 5-35 所示。

图 5-35　作者发文检索

（5）句子检索:在高级检索页面中选择"句子检索"。在检索项"同一句"或"同一段"中输入两个检索词,查找同时包含这两个词的句子或段落,如图 5-36 所示。

图 5-36　句子检索

（6）检索结果:CNKI 的检索结果中包括每篇文献的题名、作者、来源、发表时间、数据库、被引次数、下载次数等信息。用户可以按照文献类型、语种、主题、来源类别等进行选择,从中筛选出所需的文献;还可以通过相关度、发表时间、被引频次、下载频次等对筛选结果进行排序。另外,在检索框中输入检索词,点击"结果中检索"可以进一步对检索结果进行筛选,如图 5-37 所示。

图 5-37 检索结果

（7）查阅文献：点击检索结果中的文献题名，即可打开文献，查看其摘要、关键词、文章目录、相关文献等信息。点击"引用""收藏"等按钮可以引用或收藏该文献。CNKI 提供了多种阅读和下载方式，用户可点击"手机阅读""HTML 阅读""CAJ 下载""PDF 下载"等按钮进行操作，如图 5-38 所示。

图 5-38 查阅文献

2.万方数据　万方数据知识服务平台（https://www. wanfangdata. com.cn）是由万方数据公司开发的大型网络数据库，是一个综合性的学术资源服务平台，涵盖了期刊、会议纪要、论文、学术成果、学术会议论文等，是和中国知网齐名的学术数据库。

万方数据的使用方法见二维码。

万方数据
使用方法

5.6.3　在线学习平台

在线学习（E-Learning）是一种通过在网上建立教育平台，用户进行在线学习的一种全新方式。这种在线学习方式是由多媒体网络学习资源、网上学习社区及网络技术平台构成的，满足不同人群的学习需求。

1. 中国大学 MOOC（慕课）　中国大学 MOOC（慕课）（https://www. icourse163. org）是国内优质中文 MOOC 学习平台，聚合了中国顶尖高校的优质课程资源。平台中大部分课程是免费的，学习者完成课程学习并通过考核后，还可申请获得讲师签名证书，提供权威认证。

2. 国家智慧教育公共服务平台　国家智慧教育公共服务平台（https://www. smartedu. cn）是提供国家教育公共服务的一个综合集成平台，涵盖了从小学到高等教育各个阶段的课程资源和服务，所有资源均免费且免下载，支持在线学习、作业设计、自学自测等多种功能。

3. 学堂在线　学堂在线（https://www. xuetangx. com）是一个面向全球提供在线课程的中文 MOOC 平台，提供了来自清华大学、北京大学、复旦大学、麻省理工学院、斯坦福大学等国内外高校的优质课程。学习方式分为免费试学和认证学习两种。

4. 超星尔雅　超星尔雅（https://erya. mooc. chaoxing. com）是超星集团推出的国内最大的通识教育在线学习平台之一，拥有综合素养、通用能力、创新创业、成长基础、公共必修、考研辅导六大门类，汇聚了国内外众多名校名师的课程资源。

5. 网易公开课　网易公开课（https://open. 163. com）汇集了清华、北大、哈佛、耶鲁等世界名校共上千门课程，以及 TED 演讲、科普知识等各类视频内容，覆盖科学、经济、人文、哲学等多个领域。大部分课程免费开放，用户无须注册即可观看。

6. 学习通　学习通是一款基于微服务架构打造的课程学习、知识传播与管理分享平台。支持移动端 Android 、iOS 、Harmony OS 等系统，集成了知识管理、课程学习、专题创作以及办公应用等多种功能于一体。

5.6.4　数字图书馆与博物馆

数字图书馆是用数字技术处理和存储各种文献的图书馆，通过互联网技术实现信息资源的跨区域查询和传播，是一种基于网络环境的虚拟图书馆。数字博物馆是利用信息技术将传统的实体博物馆的功能以数字化的形式表现，并在互联网上实现文物资源共享的新型博物馆形态。

1.中国国家数字图书馆　中国国家数字图书馆(https://www.nlc.cn)利用先进的数字化技术,将丰富的馆藏资源转化为数字资源,通过网络为社会公众提供服务。涵盖了图书、期刊、报纸、论文、古籍、工具书、音视频等多种类型的数字资源。

2.超星数字图书馆　超星数字图书馆(https://www.chaoxing.com)提供了涉及哲学、社科、经典理论、民族学、经济学、自然科学、计算机等各个学科门类的电子图书资源。用户可以通过关键词、作者、出版社等多种方式快速找到所需的资源。

3.故宫博物院　故宫数字博物院(https://www.dpm.org.cn)是利用现代数字和网络技术,将实体故宫博物院以数字化方式完整呈现于网络上的平台。内容涵盖了紫禁城游览、网上博物院、藏品精粹、紫禁城宫殿、明清五百年等多个栏目。

4.中国国家博物馆　中国国家数字博物馆(https://www.chnmuseum.cn)利用现代科技手段,将实体博物馆的展览、藏品等资源以数字化形式呈现。数字博物馆提供多个虚拟展厅,还开设了在线教育课程,涵盖历史、文化、艺术等多个领域。

5.6.5　在线论坛

1.百度贴吧　百度贴吧(https://tieba.baidu.com)是百度推出的全球领先的中文社区,涵盖了娱乐、体育、游戏、动漫、生活等众多领域。用户可以通过关键词搜索找到相关的贴吧和帖子,在贴吧中自由发帖、回帖,与其他吧友进行实时交流。

2.知乎　知乎(https://www.zhihu.com)是一个综合性在线社区,包括文章、专栏、视频、直播、想法及圈子等。用户注册登录后可以在平台上提出问题并寻求解答,也可以关注感兴趣的话题、领域或用户,知乎会根据用户的兴趣推荐相关的内容。

3.CSDN　CSDN(https://www.csdn.net)是中国最大的IT社区和服务平台,致力于为中国软件开发者提供知识传播、在线学习、职业发展等服务,是中国软件开发者和IT从业者获取技术知识、分享技术经验、进行职业成长的重要平台。

4.丁香园　丁香园医学社区(https://www.dxy.cn/bbs)是一个专业的医学知识分享和交流平台,提供病例讨论、学术交流、经验分享等功能,是医生、医学生及医药从业者获取最新医学资讯、交流临床经验的重要平台。

5.7　网络与生活

网络与我们的生活息息相关,它改变了人们的社交方式、工作学习方式、消费购物方式以及思维方式和价值观念,已经成为现代社会不可或缺的一部分,对人们的生活产生了深远的影响。

5.7.1　网络出行

1.百度地图　百度地图(https://map.baidu.com)是百度公司开发的地图服务应用

程序,为用户提供丰富的地理信息服务,包括地图浏览、路线规划、实时路况、位置搜索等,广泛应用于人们的日常生活中。

2.12306   12306(https://www.12306.cn)是中国铁路官方唯一指定的火车票购票和查询平台。用户可以通过该网站或手机 APP 购买全国范围内的火车票,包括高铁、动车、普速列车等。具体使用方法可扫描二维码查看。

12306
使用方法

3.携程   携程网(https://www.ctrip.com)是中国领先的在线旅游服务公司,致力于为旅客提供全方位的旅行服务,主要业务涵盖酒店预订、机票预订、度假预订、商旅管理以及旅游资讯等多个方面。具体应用方法可扫描二维码查看。

携程
使用方法

5.7.2　娱乐休闲

1.腾讯视频   腾讯视频(https://v.gg.com)是中国领先的在线视频媒体平台,汇聚了大量的视频内容,包括国内外热门电影、电视剧、综艺节目等。

2.哔哩哔哩   哔哩哔哩(https://www.bilibii.com)简称 B 站,是国内知名的在线视频分享平台,提供动画、游戏、娱乐、音乐、电影、科技、生活等多种类型内容,涵盖了众多兴趣圈层的多元文化社区。

3.优酷   优酷网(https://www.youku.com)是国内知名的视频分享网站,拥有庞大的视频资源库,包括最新的电影、热门电视剧、热门综艺、经典动漫等,用户可以在线观看或下载。

4.豆瓣阅读   豆瓣阅读(https://read.douban.com)是豆瓣旗下的阅读平台,拥有丰富的小说资源。支持 Web、iPad、Android 等多个平台,同时支持离线阅读。

5.7.3　购物消费

1.淘宝   淘宝网(https://www.taobao.com)是中国最大的综合性电商平台之一,涵盖服装、家居、数码、美妆、食品等多个领域,满足消费者多样化的购物需求。

2.京东   京东(https://www.jd.com)是中国最大的自营电商平台之一,拥有完善的物流体系,支持多仓直发和极速配送,部分商品支持 211 限时达服务。

3.拼多多   拼多多(https://www.pinduoduo.com)是一家以社交电商为主的平台,用户可以通过拼团等方式享受优惠价格。

5.7.4　生活服务

1.58 同城   58 同城(https://zz.58.com/)是国内知名的生活服务类网站之一,提供租房、二手房、招聘、家政等多种服务。

2.大众点评   大众点评(https://www.dianping.com)是一个聚焦本地生活吃喝玩乐

的消费方式分享平台,覆盖美食、酒店、景点、休闲娱乐等多个领域。

5.8 互联网安全与社会责任

互联网安全是指通过采取必要的措施和策略,保护网络系统、设备、数据、程序等不受未经授权的访问、使用、披露、破坏、篡改或干扰,以确保网络的可用性、完整性和保密性。互联网安全从其本质上来讲就是互联网上的信息安全。

1.保护个人隐私 互联网中存储和传输的大量个人信息,需得到有效保护,防止被窃取、滥用。

(1)谨慎分享个人信息:尽量避免在网络上公开过多的个人信息,如身份证号码、出生日期、详细地址、电话号码等。

(2)使用强密码和多因素认证:使用复杂且独特的密码,并定期更换,避免以简单数字、电话号码、生日等作为密码。

(3)隐私设置:了解并调整各种社交媒体、电子邮件和其他在线服务的隐私设置,从而限制能看到用户信息和活动的其他用户。

(4)安全上网习惯:养成良好的上网习惯,不使用公共场所未加密的 WIFI,不要安装来路不明的 App,不随意扫描二维码。

(5)保护个人信息载体:及时清除个人信息的快递单、刷卡 POS 单、银行业务回执单等单据上的信息,防止信息泄露。

(6)警惕诈骗信息:不随便参加不熟悉的注册送礼包、扫二维码送礼品、有奖问卷调查之类的活动,不轻信垃圾短信,营销或诈骗电话等。

2.维护社会秩序 在网络上维护社会秩序是一个复杂而重要的任务,需要政府、企业、公民以及技术等多方面的共同努力。

政府应不断完善网络法律法规体系,为网络社会秩序的维护提供法律保障。建立健全网络监管机制,加强对网络内容的审核和监控。同时,加大对网络犯罪的打击力度,维护网络空间的安全和秩序。互联网企业应积极履行社会责任,加强管理,规范网络行为,利用先进的技术手段,加强对网络内容的过滤和监测。公民应自觉遵守网络法律法规,不发布、不传播违法违规信息,共同维护网络空间的清朗。

5.9 练习题

1.了解浏览器根据 URL 呈现网页的过程。

2.云存储相比传统存储方式有哪些优势?

3.你使用过哪些网络下载工具? 请简要介绍并对比其优缺点。

4.使用搜索引擎检索信息时,可以通过哪些方法提高检索效率?

5.简述在使用网络的过程中,你是如何保护个人信息的。

图像相关技能在生活中至关重要,使人们能够捕捉美好瞬间,编辑图片以表达个性,甚至通过图像识别技术提升生活便捷性。本章介绍了图像分类、图像格式、分辨率和色彩等图像相关知识。在此基础上,学习图像浏览工具 ACDSee、屏幕截图工具 FastStone Capture、图像处理工具光影魔术手、美图秀秀、思维导图工具 Xmind、百度脑图等多个常用软件的功能和用法。

6.1 图形图像基础

6.1.1 图像分类

在计算机中,图像是以数字方式记录、处理和保存的。数字化图像类型大致可以分为两种:矢量图形(向量式图形)与位图图像(点阵式图像)。在实际应用中,二者为互补关系,各有优势。

矢量图形又称向量式图形,是利用数学中的矢量方式来记录图形内容,图形中各元素的形状、大小都是借助数学公式表示,基本组成单元是锚点和路径,使用调色板表现色彩。矢量图形文件较小,精确度高,与分辨率无关,对图形进行缩放、旋转或变形时不会产生失真,但是不易表现色彩丰富的图像,如图 6-1 所示。

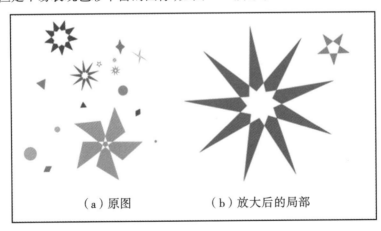

（a）原图   （b）放大后的局部

图 6-1 矢量图形

位图图像又称点阵式图像,由一系列像素点阵列组成,将图像划分为若干个正方形的像素点排列成纵列和横行,像素是构成位图图像的基本单位,用二进制数据来记录每个像素点的位置、颜色、亮度等信息。位图的大小和质量取决于像素点的多少,每平方英寸中所含像素越多,其分辨率越高,画面内容越细腻,越能表现出明暗的精细变化、色彩与色调的丰富,但是对图像进行放大或旋转时易产生失真,并且文件所占的存储空间较大,如图6-2所示。

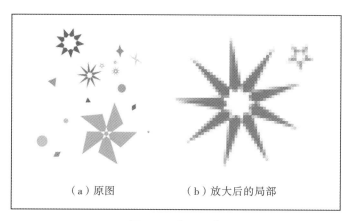

（a）原图　　　　　　　（b）放大后的局部

图6-2　位图图像

矢量图形是人们根据客观事物制作生成的,它不是客观存在的,常用于图形设计、标志设计、图案设计、字体设计等。位图图像是可以直接通过照相、扫描、摄像以及屏幕截屏等途径得到,也可以通过绘制得到,适合表现细腻柔和,过渡自然的色彩,内容更趋真实,如风景照、人物照等。

6.1.2　分辨率

分辨率是指单位长度上的像素点个数。单位长度上像素越多,图像就越清晰,反之则越模糊,如图6-3所示。分辨率有多种,常见的有图像分辨率、显示器分辨率、打印分辨率等。

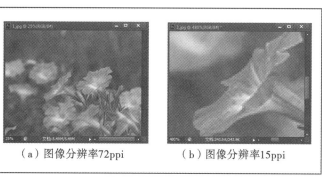

（a）图像分辨率72ppi　　　　　（b）图像分辨率15ppi

图6-3　不同分辨率效果

1. 图像分辨率　图像分辨率也叫像素密度,是指图像每单位长度上的像素点个数,单位是像素/英寸(Pixels/Inch,ppi)。分辨率决定了位图图像细节的精细程度,大多数网页图片分辨率为 72 ppi,即每英寸有 72 个像素点。若两幅图像的分辨率不同,将其中一幅图像的图层复制到另一图像时,该图层图像的显示大小也会发生相应的变化。

2. 显示器分辨率　显示器分辨率是指显示器每单位长度上显示的像素点个数,单位是点/英寸(Dots/Inch,dpi)。显示器的分辨率取决于显示器的大小和显示区域的像素设置,通常为 96 dpi 或 72 dpi。

3. 打印分辨率　打印分辨率是指打印机每单位长度上能够产生的墨点数,单位是点/英寸(Dots/Inch,dpi)。激光打印机的分辨率为 600～1200 dpi,喷墨打印机的分辨率为 300～720 dpi。

4. 扫描分辨率　扫描仪在扫描图像时将原图像划分为大量的网格,每一网格为一个样本点,扫描分辨率是指在原图上每单位长度能够取到的样本点个数,单位是点/英寸(Dots/Inch,dpi)。扫描分辨率越高,扫描得到的数字图像的质量越好。扫描仪的分辨率有光学分辨率和输出分辨率,购买时主要考虑的是光学分辨率。

5. 位分辨率　位分辨率是指计算机采用多少位二进制数表示像素点的颜色值。位分辨率越高,能够表示的颜色种类越多,图像色彩越丰富。

了解图像分辨率、显示器分辨率和打印分辨率的概念,就可以理解图像在显示屏上的显示尺寸为什么不等于其打印尺寸。因为图像在屏幕上显示时,图像中的像素将转化为显示器像素,当图像分辨率高于显示器分辨率时,图像在屏幕上显示时会被放大,显示尺寸就大于其实际打印尺寸。

6.1.3　图像格式

图像格式是指计算机中存储图像信息的存储方式,包括色彩数、压缩方法等。了解不同的图像格式有助于用户选择有效的方式处理图像,提高图像质量,优化存储容量。

1. JPEG(JPG)格式　JPEG(Joint Photographic Expert Group 的缩写)或者 JPG,文件扩展名为"jpg"或"jpeg",是目前广泛使用的位图图像格式之一,是一种有损压缩格式,压缩比较高、文件容量小、图像质量较高。该格式支持 24 位真色彩,适合保存色彩丰富、内容细腻的图像,如人物照、风景等,但不支持透明和动画效果。

2. GIF 格式　GIF(Graphics Interchange Format 的缩写)用于以超文本标志语言 HTML 方式显示索引彩色图像,是一种无损压缩格式,压缩比较高,产生的文件较小,有利于在网络上传输,最多支持 8 位即 256 种色彩的图像,适合保存色彩和线条比较简单的图像,如卡通画和漫画等。GIF 格式分为静态和动态两种,在一个 GIF 文件中可以保存多幅彩色图像,把存于一个文件中的多幅图像逐幅显示到屏幕上,就可构成一种最简单的动画。

3. PNG 格式　PNG(Portable Network Graphics 的缩写)是便携式网络图形格式,是一种无损压缩格式,能够表现品质比较高的图像,下载速度快,支持透明色。

4. BMP 格式　BMP(全称 Bitmap)是 Windows 操作系统中的标准图像文件格式,不进行任何压缩,因此 BMP 文件所占用的空间很大。在 Windows 环境中运行的图形图像软件都支持 BMP 图像格式。

5. PSD 格式　PSD 是图像处理软件 Adobe Photoshop 的专用格式,能够存储图层、通道、蒙版、路径和颜色模式等各种图像信息,PSD 文件容量较大,保留几乎所有的原始信息。对于尚未编辑完成的图像,选用 PSD 格式进行保存。在图像制作完成后需要转化为一些比较通用的图像格式。

6.1.4　图像色彩

计算机中的颜色模式主要包括 RGB 颜色模式、HSB 颜色模式、Lab 颜色模式、索引颜色模式、灰度模式等。

自然界中所有的颜色都可以用红(R)、绿(G)、蓝(B)三种颜色波长的不同强度组合,这三种光被称为三基色或三原色。RGB 颜色模式几乎包括了人类视力所能感知的所有颜色,是目前运用最广的颜色系统之一。

计算机中用二进制数表示颜色,例如用 16 位二进制数能表示 2^{16} 个不同的数值,就能表示 65 536 种颜色。24 位真色彩是指每个像素的颜色由 24 位数据表示,这 24 位数据被分为三个通道:红色(R)、绿色(G)、蓝色(B),每个通道占 8 位,大约能表示 1677 万种颜色。32 色也是 1677 万多色,其增加了 8 位即 256 阶颜色的灰度值。

6.2　图片管理工具

图片管理工具可以更好地帮助用户管理和整理图片,具备图片分类、编辑、搜索、分享等功能,能够极大地提升用户处理图片的效率。

ACDSee 是目前流行的看图软件,界面简单友好易于操作,分为普通版和专业版两个版本。普通版是面向普通用户,能够满足一般用户的图片查看和编辑要求;而专业版则是面向专业用户,在功能上各方面都有很大增强。软件主界面如图 6-4 所示。

ACDSee 的常用功能如下:

(1)文件管理:对文件进行移动、复制、重命名、更改文件日期,设置文件关联,给图片添加注释等。

(2)图片浏览:可以选择用全屏幕或固定比例浏览图片。

(3)图像处理:图像批处理、制作屏幕保护程序、桌面墙纸和相册、文件清单、缩印图片、解压图片等。

(4)转换图片格式:转换 ICO 文件为图片文件、转换动态光标文件为标准的 AVI 文

件、转换图形文件的位置等。

图 6-4　ACDSee 主界面

（5）播放文件：播放幻灯片、动画文件、声音文件等。
ACDSee 的使用方法见二维码。

ACDSee
使用方法

6.3　屏幕截图工具

　　屏幕截图工具是现代数字生活中不可或缺的高效辅助工具。它能够一键捕捉电脑屏幕上的精彩瞬间，无论是全屏截图，还是截取某个特定窗口或区域，屏幕截图工具都能轻松应对。除了基础的截图功能外，许多屏幕截图工具还内置了即时编辑工具，如添加文字说明、高亮标注、箭头指示等，让用户能够在截图后立即进行必要的编辑和调整，极大地提升了工作、学习和交流的效率。

6.3.1　Windows 系统截图工具

　　Windows 系统自带了截图工具，点击任务栏"开始"→"截图工具"，也可以使用快捷键"Win + Shift + S"或"PrtSc"（打印屏幕键），截图工具如图 6-5 所示。"截图"可对屏幕进行静态截图（图片），其中"截图模式"提供了"矩形/窗口/全屏/任意多边形"四种模式;"录制"可对屏幕进行动态截屏(视频)。选择所需模式后点击"新建"即可开始截屏。

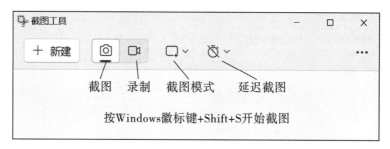

图6-5 Windows 系统截图工具

这种截图方式简单快捷,但功能相对基础并且缺少高级编辑和注释选项。如果需要更复杂的截图或编辑功能,可以考虑使用第三方截图工具。

6.3.2 FastStone Capture

FastStone Capture 是一款小巧但功能强大的屏幕捕捉和屏幕录像工具,支持长截图、快捷屏幕取色、调整多个图片以及截图时自动添加边缘/水印等功能。FastStone Capture 的界面设计合理,工具栏上的各项功能一目了然。用户可以通过一键点击和拖拽鼠标来完成截图和编辑任务。

1.捕捉工具 如图 6-6 所示,框格中提供了多种截图方式,依次是:捕捉活动窗口、捕捉窗口或对象、捕捉矩形区域、捕捉手绘区域、捕捉整个屏幕、捕捉滚动窗口、捕捉固定区域。点击所需截图模式即可开始截图。

图6-6 FastStone Capture 捕捉工具

2.图片编辑器 点击"在编辑器中打开文件"选项,选择图片后打开编辑器,或者点击"输出"选项,设置输出到编辑器,截图后会自动打开编辑器,如图 6-7 所示。图片编辑器提供常用的编辑功能,可以对图片进行缩放、裁切、旋转、加文字等操作。其中绘图工具提供了画笔、填充、水印等更多功能。

图6-7　FastStone Capture 图片编辑器

3.录制屏幕　录制屏幕时支持同时录制麦克风输入音频和扬声器输出音频。点击"屏幕录像机"选项,打开对话框如图6-8所示,提供了六种方式录制屏幕,点击"录制"后有效区域会显示红色框,选择"开始"即可录制视频。

图6-8　FastStone Capture 屏幕录像机

4.其他功能　点击"设置"选项,可以看到 FastStone Capture 还提供了多种实用有趣的小工具,例如:自动屏幕捕捉,屏幕放大镜,屏幕取色器,将图像转换为 PDF 文件等。

6.3.3　其他截图工具

除了上述介绍的截图工具外,还有许多其他截图工具可供选择,如 Snipaste、iShot、QQ截图、微信截图等。这些工具各具特色,有的注重翻译和截图结合(如 iShot),有的则与通信软件紧密结合(如微信截图),满足用户的不同需求。

6.4　图像处理工具

6.4.1　常用图像处理工具

图像处理工具众多,通常都具有丰富的功能,如图像编辑、修复、增强、分割、分类、特征提取、图像恢复和图像识别等,广泛应用于平面设计、数字艺术、网页设计、医学、遥感、工业检测和监视、军事侦察等多个领域。在选择图像处理工具时,用户可以根据自己的需求和技能水平来选择适合的工具。

1. Adobe Photoshop(PS)　Photoshop 是 Adobe 公司开发的专业图像处理软件,提供了丰富的编辑工具,包括图层、蒙版、滤镜、色彩调整等,几乎可以实现任何图像处理的需求。其强大的选区工具、修复画笔、液化工具等,使得图像编辑变得既精确又高效。适用于专业摄影师、设计师、艺术家等需要高度自定义和精细编辑图像的用户。

2. Lightroom(LR)　Lightroom 是 Adobe 公司推出的另一款针对摄影后期处理的软件,它提供了从图片导入、管理、调整到输出的完整解决方案。支持对大量图片进行快速处理,包括调整曝光、对比度、色彩等。所有调整都是在原始文件的基础上进行的,不会改变原始文件。同时提供了丰富的预设和模板,方便用户快速应用特定的风格或效果。适用于摄影师和摄影爱好者,特别是需要处理大量照片的用户。

3. 光影魔术手　光影魔术手是一款简单易用的图像处理软件,尤其适合摄影爱好者和小白用户。虽然功能没有 Photoshop 那么全面,但光影魔术手提供了许多实用的功能,如批量处理、自动曝光调整、数码补光、白平衡校正等,可以快速改善照片的整体效果。适用于日常照片的快速美化和批量处理,不需要过多专业图像处理知识。

4. 美图秀秀　美图秀秀是一款流行的图像和视频处理软件,以其简单易用和丰富的滤镜效果而著称。美图秀秀提供了大量的滤镜、贴纸、边框等素材,用户可以轻松地为照片添加各种特效和装饰。此外,它还支持人像美容、瘦脸瘦身等功能,让用户能够轻松打造出美丽的照片。适用于社交媒体分享、日常自拍、旅行照片等需要快速美化和添加特效的场景。

6.4.2　光影魔术手

光影魔术手是图片个性化编辑、摄影作品后期处理、数码照片冲印整理常用的软件,安装文件可从官方网站(https://www.gymss.cn/)下载,安装后免费使用。

1.强大的调图参数　光影魔术手具有自动曝光、数码补光、白平衡、亮度对比度、饱和度、色阶、曲线、色彩平衡等丰富的调图参数。既有详细的参数设置,又有适合新手的一键式操作,无须专业学习就能调出完美的光影色彩。

将图片导入后,点击工具栏"基本调整"选项,提供了十余种调图选项,例如"一键设置"提供了多种自动效果,其他调图选项可以从多方面,对具体参数进行专业和个性化调整,增强图片效果。例如选择"RGB 色调"可以调整三种颜色的比例,如图 6-9 所示。

图 6-9　图片参数调整

2.丰富的数码暗房　光影魔术手拥有多种丰富的数码暗房特效,如 LOMO 风格、背景虚化、局部上色、褪色旧相、黑白效果、冷调泛黄等,可以轻松制作出彩的影楼风格照片。

将图片导入后,点击"数码暗房"选项,在效果窗口预览各种特效的效果,还可以对特效进行高级设置,例如选择"LOMO 风格"会切换到特效调节面板进行个性化设置,如图 6-10所示。

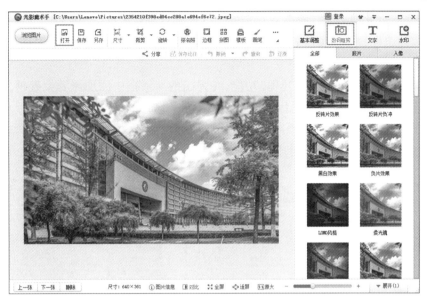

图 6-10　数码暗房设置

3.海量的精美边框　光影魔术手提供了海量的精美边框素材,能够使照片更加美观,还能轻松制作个性化相册。

将图片导入后,点击"边框"选项,下拉菜单中提供了轻松边框、花样边框、撕边边框图、多图边框、自定义扩边五种选项。例如选择"轻松边框",在素材库选择边框,点击添加文字标签可对图片加上标题,还可以设置 Exif 摘要(拍摄器材、光圈、快门、曝光值等参数),如图 6-11 所示。

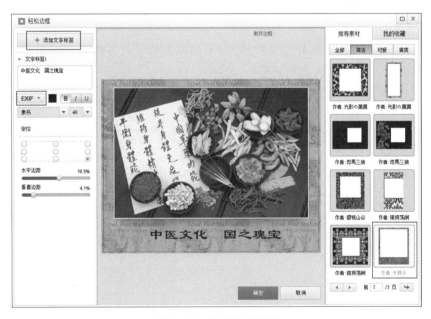

图 6-11　精美边框设置

4.快捷的批处理功能 光影魔术手可实现批处理调整尺寸、一键动作、添加文字、添加水印、添加边框、裁剪、重命名等操作,能够快捷地对多幅图像进行统一的批量处理,大大提高图片编辑的效率。

打开软件后,直接点击"批处理"功能,在弹出的对话框中添加需要批处理的图片或文件夹,点击"下一步"弹出"动作设置"对话框,例如选择加上边框,调整图片尺寸和一键动作中的浓郁色彩,点击"下一步"设置图片的输出路径、输出文件名、输出格式、文件质量等,就可以飞速地对大量图片进行批处理,如图6-12所示。

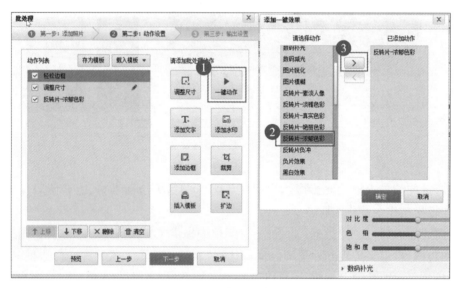

图6-12　批处理功能

5.实用的其他功能

(1)证件照排版:导入图片或证件照,如果原图非标准尺寸则先调整尺寸,点击"裁剪"→"宽高比"→拖动鼠标添加裁剪框,如图6-13所示。选择"排版"选项,弹出"照片冲印排版"对话框,已预置了多种排版样式,选择合适的样式保存或直接打印,如图6-14所示。

图6-13　证件照尺寸设置

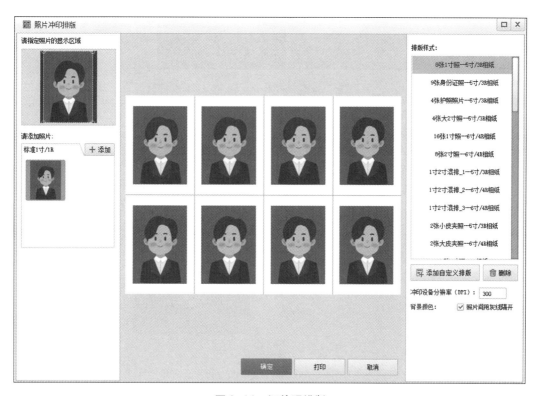

图6-14　证件照排版

（2）拼图：提供了自由拼图、模版拼图和图片拼图三种拼图方式。例如选择"拼图"→"模版拼图"，在弹出的对话框中先导入多图，选择图片个数和板式，最后拖动图片到空白位置或者选择图片自动进入画布，如图 6-15 所示。

图 6-15　拼图设置

（3）人像美容：导入人像图片，选择"数码暗房"→"人像"，提供了丰富的人像处理功能，选择不同的功能后可以对具体参数进行设置，以获取最佳效果。例如选择"人像美容"和"祛斑"，如图 6-16 所示。

图 6-16　人像美容设置

6.4.3　美图秀秀

美图秀秀是厦门美图科技有限公司研发、推出的一款免费影像处理软件,该软件以"美"为内核、以人工智能为驱动,通过影像产品和颜值管理服务帮助用户全方位提升使用感。支持安卓系统和 iOS 系统的手机端应用,Windows 系统及 MacOS 系统的电脑端应用,并且还提供便捷的在线编辑功能。特别是在手机上得到了广泛应用,在各大应用商店的图像处理工具中下载安装名列前茅。

1. 电脑端应用　在官网(https://pc.meitu.com)下载并安装软件,主界面如图 6-17所示,具有丰富的图像处理功能、人像美容功能以及常见的 AI 功能。

基础功能:图片编辑、海报设计、抠图、拼图、批处理、证件照等。

AI 电商:AI 扩图、AI 变清晰、AI 智能消除、批量抠图、AI 海报等。

智能证件照:证件照换装、证件换底色、证件改尺寸、证件照排版等。

专业人像美容:一键美颜、面部重塑、瘦脸瘦身、磨皮、美白等。

更多功能:GIF 制作、切图、人像去噪、HDR 效果、风景去噪、夜景增强等。

图 6-17　美图秀秀主界面

美图秀秀各功能操作简单,适合初学者,下面介绍几个常用功能。

(1)基础调整:选择"图片编辑"选项,左侧是菜单栏和功能设置界面。选择"调整"→"调整尺寸"可以修改图片大小,如图 6-18 所示。

图 6-18　图片编辑功能

（2）抠图功能：选择"抠图"功能，可对导入的图片进行自动抠图、添加背景、调整抠图特效等，但该功能有限免次数，用户可多加练习，掌握手动抠图技巧，如图6-19所示。

图6-19　抠图功能

（3）海报设计：选择"海报设计"选项，提供了海量模版，搜索主题可快速筛选海报，选择单张海报后进入编辑界面，可以对版式、文字、图片等进行重新设计和替换，如图6-20所示。

图6-20　海报设计

2. 移动端应用　美图秀秀是手机装机必备 App,独有的照片特效、强大的人像美容、丰富的拍摄模式、好玩有趣的贴图等功能,可以随时随地记录、分享美图。其界面简洁,操作简单,即使是新用户也能快速掌握。

3. 网页版应用　美图秀秀网页版是一款简易实用,功能全面的图片制作工具,无须下载安装软件就可以快速做出影楼级照片。美图秀秀网页版每日更新海量素材,独有一键 P 图、神奇美容、超炫闪图等强大功能。打开美图秀秀在线编辑网页(https://pc.meitu.com/),网页版提供了与单机版同样丰富的图片处理功能,如图 6-21 所示。

图 6-21　网页版主界面

例如,选择"图片编辑"功能,可以调整图片的尺寸、色彩、滤镜,可以增加文字、水印、背景等。选择"滤镜"→"蜡笔"功能,可将实景图片处理为蜡笔画的效果,如图 6-22 所示。

图 6-22　在线图片编辑

6.5 思维导图制作工具

6.5.1 常用思维导图工具

思维导图是一种高效的思维工具,它以图形化的方式展现思维过程,帮助人们梳理信息、规划项目、解决问题或学习新知识。中心主题位于图中央,由中心向外发散出各级分支,每级分支代表与中心主题相关的不同方面或细节,层层递进形成树状结构。思维导图通过关键词、图像、颜色等元素,不仅促进记忆,还能够激发创造力,使复杂问题简单化,提高思维清晰度和工作效率。

1. MindMaster MindMaster 是一款实用的国产思维导图软件,操作简单,界面简洁,稳定性高。支持在 Windows、Mac 以及 Linux 系统上安装使用,还有手机版和网页在线版。除了常规的思维导图外,还可以绘制鱼骨图、树状图、组织架构图、甘特图以及时间线等。软件拥有丰富的模板可以使用,无论是新手还是软件达人,都可以用它快速绘制出专业的思维导图,轻松提高工作学习效率。

2. Xmind Xmind 是一款实用的思维导图软件,简单易用、美观、功能强大,拥有高效的可视化思维模式,具备可扩展、跨平台、稳定性和性能,真正帮助用户提高生产率,促进有效沟通及协作。

3. MindManager MindManager 是一款国外的思维导图工具,是具有创造、管理和交流思想的思维导图软件,拥有可视化直观、友好的用户界面和丰富的功能。

4. 百度脑图 百度脑图是一款基于 Web 的应用,可在线直接创建、保存并分享用户的思路。免安装、云存储、易分享、体验舒适、功能丰富,与其他办公软件交互性便捷。

6.5.2 Xmind

Xmind 安装文件可从官网(https://xmind.cn/)下载,安装后可免费使用。

1. 新建文件 启动 Xmind,在首页选择模板,例如选择括号图模板,如图 6-23 所示。双击后会打开一个新的工作薄,如图 6-24 所示。

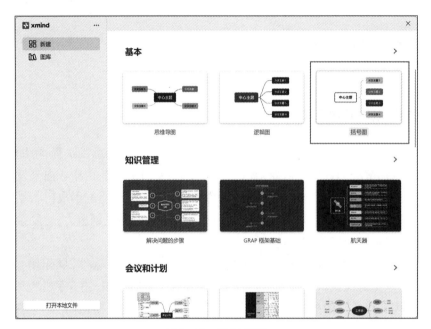

图6-23 选择模板

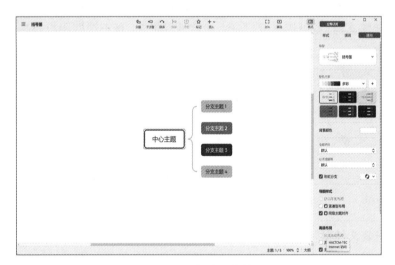

图6-24 新建工作簿

2.设计导图结构 添加分支主题,例如要在"分支主题2"下面添加"分支主题5"。选择"分支主题2",点击"主题",自动添加新的分支,"样式"面板可修该分支样式,如图6-25所示。

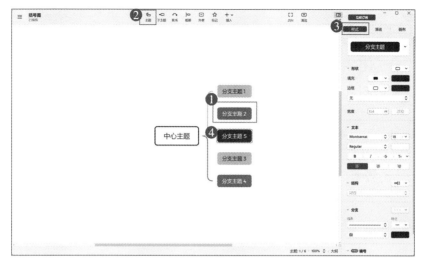

图 6-25　添加分支主题

　　添加子主题,例如要对"分支主题 2"添加下一级子主题。选择"分支主题 2",点击"子主题",自动添加子主题,"样式"面板可修该分支样式,如图 6-26 所示。

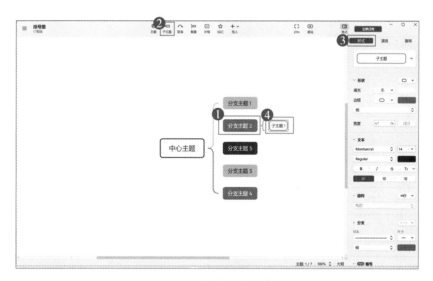

图 6-26　添加下级子主题

　　3. 修改文字和样式　双击方框即可修改文字。点击"画布"可修该样式,例如选择彩虹配色,如图 6-27 所示。

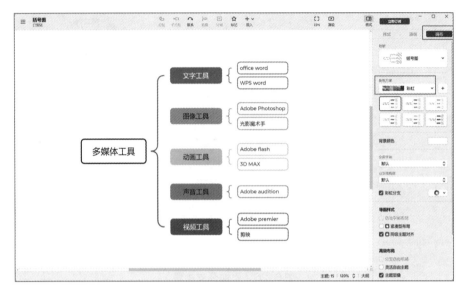

图 6-27　修改文字和样式

4. 保存与导出　点击"保存/另存为"将保存当前工作簿,格式是".xmind",后续可继续编辑源文件。或者点击"导出"为 JPG 和 PDF 格式,如图 6-28 所示。

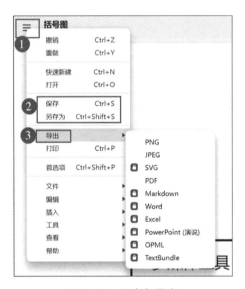

图 6-28　保存与导出

6.5.3　百度脑图

1. 新建脑图　输入百度脑图的网址(https://naotu.baidu.com/),点击"新建脑图"。双击文本框可编辑文字,选择"思路"选项,根据需求插入其下级主题或者同级主题,构建出思维导图的整体架构,如图 6-29 所示。

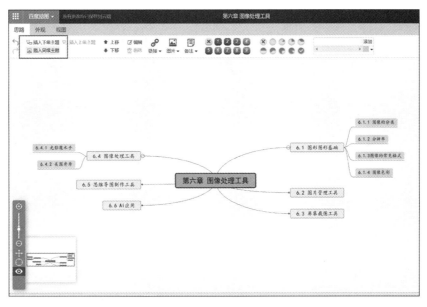

图 6-29　逻辑结构图

2.外观设置　点击"外观"选项,可编辑脑图的结构、色系、字体、字号等样式,如图 6-30所示。

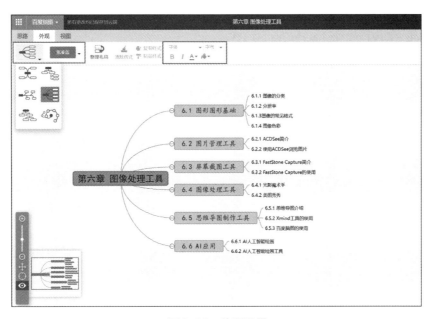

图 6-30　外观设置

3.保存与导出　脑图完成后,会自动保存在百度云端,再次打开可继续编辑,也可以

导出多种格式的文件,如图6-31所示。

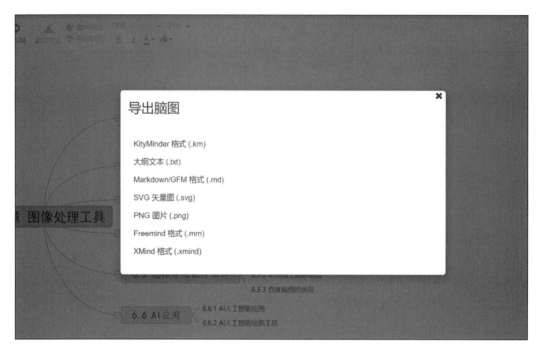

图6-31　文件导出

6.6　AI在图像领域中的应用

人工智能(AI)在图像处理中的应用已经成为当今科技领域的热点之一。随着计算机视觉和深度学习技术的不断发展,AI在图像处理领域的应用正在取得突破性的进展。

1. 图像识别　通过计算机视觉和深度学习技术,人工智能可以实现对图像中物体、人脸等对象的识别。例如,在人脸识别领域,可以识别人脸图像中的特征点、面部轮廓等信息,在智能安防、金融支付、社交娱乐等领域,人脸识别技术已经得到了广泛的应用。在物体识别领域可以自动识别图像中的各种物体,如车辆、动植物、建筑等,在无人驾驶、医疗诊断、智能物流等领域发挥了重要作用。

2. 图像分类　图像分类是指将图像分成不同的类别。人工智能在图像分类中的应用主要包括目标检测、图像标注等技术。通过深度学习模型,人工智能可以有效地对图像进行分类,并做出精确的预测。在自动驾驶、智能监控、工业品检等领域,目标检测技术已经得到广泛应用。

3. 图像分割　图像分割是指将图像中的物体进行分割和提取,使得每个物体成为一个独立的区域。人工智能可以通过深度学习模型实现对图像中不同物体的准确分割,如人、车、建筑等。这项技术在智能交通、医学影像分析、智能农业等领域有重要的应用价值。

4. 图像生成 图像生成是指利用人工智能技术生成新的图像内容,主要包括图像合成、图像修复等技术。图像合成是指利用深度学习模型将多幅图像合成为一幅图像,在电影特效、虚拟现实、视频编辑等领域有多种应用。图像修复是指利用深度学习模型修复图像中的缺陷和损坏部分,在数字图像修复、文物保护、医学影像重建等领域有重要的应用价值。

AI 智能绘画

AI 智能绘画的使用方法见二维码。

6.7 练习题

1. 图像分为哪两种类型,它们各自有什么特点?

2. 图像获取的主要途径有哪些?

3. 常用的色彩模式有哪些? 常见的图像文件格式有哪些?

4. 利用截图软件对屏幕信息进行抓取和录制。

5. 选取一张图像,使用图像处理软件进行处理、优化、添加特效等。

6. 在干净背景下拍摄人像照片,利用图像处理软件制作证件照。

在信息化高速发展的今天,掌握音视频处理技能已成为必备能力之一,它不仅丰富了我们的娱乐生活,更在远程沟通、在线教育、文化传播等方面发挥着核心作用。本章主要介绍音频与视频的原理、常见格式、技术指标等基础知识以及常用的播放软件和编辑处理工具,如音频编辑器(Adobe audition)、视频处理工具(剪映)及音视频格式转换工具(格式工厂)等,帮助用户快速掌握音视频处理的技能。

7.1　音频基础

7.1.1　声音与数字音频

空气中某个物体在外力作用下产生振动会引起压力波,这种压力波通过空气等介质传播到人耳中,就产生了声音。

声音可以用声波来表示。在空气中,声波以 340 m/s 的速度传播。声波有两个基本属性:频率和振幅。频率是指声波在单位时间内变化的次数,以赫兹(Hz)来表示。振幅描述的是声音的强度,以分贝(dB)来表示。通常把人耳可以听到的声音频率在 20 Hz 至 20 kHz 之间的声波,称为音频。

声音的三大要素是:音调、音强、音色。音调与频率有关,音强与振幅有关,音色与混入基音的泛音有关,不同的人具有不同的音色,这就是人们能够"闻其声而辨其人"的原因。

多媒体所使用的声音是数字音频,数字音频是一种利用数字化手段对声音进行录制、存放、编辑、压缩或播放的技术,它是随着数字信号处理技术、计算机技术、多媒体技术的发展而形成的一种全新的声音处理手段。数字化的过程就是先将捕捉到的音频转化为模拟的电平信号,再转化成二进制数据保存,播放的时候就把这些数据转换为模拟的电平信号送到扬声器播出。具有存储方便、存储成本低廉、声音的失真小、方便编辑和处理等特点。

7.1.2　常见数字音频文件格式

数字音频以音频文件的形式保存在计算机中,目前常见的数字音频文件格式主要有以下类型。

1. WAV 格式文件 WAV(WAVE,波形声音)是微软公司开发的音频文件格式,音质非常优秀,但占用磁盘空间最多,不适用于网络传播和各种光盘介质存储。标准格式的 WAV 文件的采样频率是 44.1 KHz,速率 88 K/s,16 位量化位数。WAV 格式的声音文件质量和 CD 相差无几,是目前 PC 机上广为流行的声音文件格式,几乎所有的音频编辑软件都可识别 WAV 格式。

2. MIDI 格式文件 MIDI 格式的声音文件并不是一段录制好的声音,而是记录声音的信息,通过声卡再现声音的一组指令,它允许数字合成器和其他设备交换数据,MIDI 文件重放的效果完全依赖声卡的效果。存放 1 分钟的 MIDI 文件只需要 5 ~ 10 kB。MIDI 格式的最大用处是在电脑作曲领域,可以用作曲软件写出,也可以通过声卡的 MIDI 口把外接音序器演奏的乐曲输入电脑里,制成 MIDI 文件。

3. MP3 格式文件 MP3(MPEG - 3 标准)是目前最典型的音频编码及有损压缩格式,舍去了人类无法听到和很难听到的声音波段,然后再对声音进行压缩,典型压缩比有 10:1、17:1,甚至 70:1。MP3 格式的声音文件的特点是压缩比高、文件数据量小、音质好,能够在个人计算机、MP3 播放器等常见设备上播放。

4. WMA 格式文件 WMA(Windows Media Audio)是微软公司开发的一种数字音频压缩格式,音质高于 MP3 格式,虽然压缩比更高,减少了数据流量,但是能够保持更好的音质,其压缩率比一般达到 18:1 左右,且支持数字版权保护,允许音频的发布者限制音频的播放和复制次数等,因此受到唱片发行公司的欢迎。Windows Media 是一种网络流媒体技术,所以 WMA 格式文件能够在网络上实时播放。

5. RA 格式文件 RA(Real Audio)是 Real Networks 推出的一种音乐压缩格式,其压缩比可达到 96:1,因此音质相对较差,但是文件是最小的,最大的特点就是可以采用流媒体的方式实现网上实时播放,即边下载边播放。因此特别适合在网络传输速度较低的互联网上使用,互联网上许多的网络电台、音乐网站的歌曲试听都在使用这种音频格式。

7.1.3 数字音频技术指标

音频数字化是将模拟的(连续的)声音波形数字化(离散化),将声音信号数字化后声音质量各有不同,声音质量的好坏取决于数字化过程中的采样频率、采样位数、声道数等。

1. 采样频率 采样频率是指计算机每秒采集多少个声音样本,是描述声音文件的音质和音调,衡量声卡和声音文件的质量标准。采样频率越高,在单位时间内计算机得到的声音样本数据就越多,对声音波形的表示就越精确。通常采样频率需高于声音信号最高频率的两倍,比如人耳听觉的频率上限在 20 kHz 左右,为了保证声音不失真,采样频率应在 40 kHz 左右。经常使用的采样频率有 11.02 kHz、22.05 kHz 和 44.1 kHz。采样频率越高,声音失真越小、音频数据量越大。

2. 采样位数 采样位数是指记录每个采样点振幅的量化位数,经常采用的有 8 位、

12 位和 16 位。例如,8 位量化级表示每个采样点可以表示 2^8 个(0 ~ 255) 不同量化值,而 16 位量化级则可表示 2^{16} 个不同量化值。采样量化位数越高,振幅数据越精准,数据量也越大。简单地说,采样位数可以理解为声卡处理声音的解析度。这个数值越大,解析度就越高,录制和回放的声音就越真实。

3.声道数　声道数是指发声的音响的个数,是衡量音响设备的重要指标之一。常见的声道数有:单声道、双声道(立体声)、5.1 声道、7.1 声道。

7.1.4　数字音频播放工具

数字音频播放工具是专为音频文件播放设计的软件,它们具备多种功能和特点。常用的有以下几类。

(1)操作系统自带的播放软件,使用简便,例如 Windows Media Player。

(2)单机播放音频的播放软件,用来播放本地音频文件,支持几乎所有的音频格式,需要下载和安装软件,例如千千音乐、Foobar 等。

(3)强大的音乐互动平台,有着丰富的音乐库,支持在线听歌和下载歌曲、创建和分享歌单,同时提供歌词显示、评论互动等功能,支持跨平台多终端使用,用户可以随时随地享受高品质音乐,例如网易云音乐、QQ 音乐、酷狗音乐等。

7.2　数字音频处理工具

7.2.1　声音素材的采集方式

多媒体音频素材的获取有多种方式,既可以从已有声音文件中选取,也可以自己录制。

1.选取法　选取声音就是从已有的数字音频文件中选择自己所需要的素材。这些音频文件可以是从互联网上下载的,也可以是本地声音文件。选取法是声音采集最常用、最简洁的方法。

2.录制法　电脑上录音时,可以使用 Windows 系统自带的录音机或者专业的录音工具,如 Audacity、Adobe Audition 等。这些软件通常支持多种音频格式,并允许用户调整录音参数以获得高质量的音频。用户只需打开软件,选择录音设备(如麦克风),设置好参数,点击录音按钮即可开始录音。手机录音时,大多数手机都内置了录音软件,用户打开软件就可以进行录音。此外,也可以下载第三方录音软件,通常提供更多功能,如音频编辑、格式转换等。无论是电脑还是手机,录音时都应注意选择安静的环境,以减少噪声干扰,从而获得更清晰的音频。

声音的录制方法见二维码。

声音
录制方法

7.2.2　Adobe Audition

　　Adobe Audition 简称 AU,是由 Adobe 公司开发的一款专业音频编辑软件,界面如图 7-1 所示。它功能强大,操作简便,广泛应用于音频的创建、录制、剪辑、编辑、混音、降噪及音频特效处理等领域。Audition 支持多种音频格式,提供直观的用户界面和丰富的音频处理工具,如均衡器、压缩器、混响等,帮助用户实现高质量的音频制作和后期处理。此外,Audition 还能与其他 Adobe 软件如 Premiere Pro 和 After Effects 无缝集成,提升工作效率。无论是日常创作、视频配音还是声音特效,Audition 都是普通用户和专业人士的理想选择。

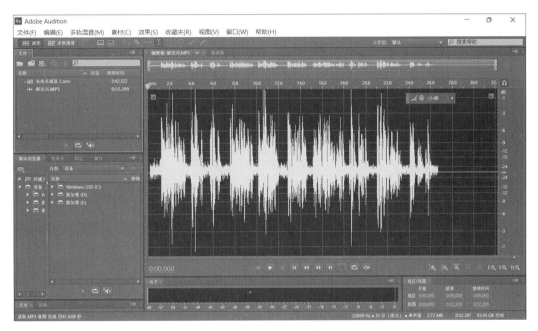

图 7-1　Adobe Audition 软件界面

　　Adobe Audition 软件界面友好,操作简单,对新手也十分友好,常用的操作主要有以下几种:

　　1.音频非线性编辑　音频非线性编辑是一种基于计算机的音频处理方式,它突破了传统线性编辑的限制,允许用户在不同时间点自由剪辑、混音和处理音频素材。通过非线性编辑可以方便地剪切、复制、粘贴音频片段,调整音量、平衡和添加效果,实现音频的高效编辑和优化。

音频非线性
编辑

　　非线性编辑的具体应用见二维码。

　　2.降噪处理　录制声音时往往存在环境底噪,声音降噪处理是提升音频质量的关键技术,能有效减少或消除背景噪声,让主声音更加清晰纯净。无论是会议记录、音乐制作还是日常通话,降噪处理都发挥着重要作用。

降噪处理的具体应用见二维码。

3. 声音特效及音量　Audition 提供了丰富的声音特效功能,能够帮助用户轻松实现音频的混音以及特效添加等操作。主要包括以下几个方面。

音频降噪处理

(1)音效预设:Audition 自带了多种音效预设,用户可以直接选择并应用到音频上,快速实现声音的变换。这些预设包括回声、混响、延迟、均衡器调整等多种效果。

(2)音量调节:通过调整振幅和压限,用户可以控制音频的音量大小,实现声音的增强或减弱。

音频特效处理

(3)淡入淡出特效:对于通过连接生成的音频素材,避免不同声音的连接出现突然开始或突然结束的现象,使衔接处更为圆润。

声音特效处理的具体应用见二维码。

4. 多轨混音　Audition 除了提供单轨编辑模式,还提供了多轨混音模式,允许用户将多个音频轨道组合在一起,进行同步编辑和混音处理。在多轨混音模式下,用户可以执行创建和管理轨道、同步播放、音量平衡、添加效果、导出混音等操作。

7.3　视频基础

视频(Video)处理技术泛指将一系列静态影像以电信号的方式加以捕捉、记录、处理、储存、传送与重现的各种技术。当连续的图像变化每秒超过 24 帧(frame)画面以上,根据视觉暂留原理,人眼无法辨别单幅的静态画面,看上去是平滑连续的视觉效果,这样连续的画面叫作视频。

视频技术最早应用于电视系统,现在已经发展了各种不同的格式,以便于用户将视频记录下来并在不同设备播放。网络技术的发达也促使视频以流媒体的形式在互联网进行传播。

7.3.1　视频关键技术

视频产生的原理是一个从图像采集到数字化处理、编码压缩、存储与传输、再到解码播放的完整过程。每个环节都发挥着不可或缺的作用,共同构成了现代视频技术的基石。

1. 图像采集　通过摄像头或摄像机等设备,将真实场景中的光线聚焦到感光元件(如 CCD 或 CMOS 芯片)上,将光信号转换为电信号,形成模拟视频信号。

2. 数字化处理　模拟视频信号需要经过模数转换器(ADC)处理,将模拟信号转换为数字信号,确保了视频信号的稳定性和可编辑性,便于后续的处理和传输。

3. 编码压缩　由于原始视频数据量庞大,直接传输和存储会非常困难。因此,需要对数字视频信号进行编码压缩以减小数据量,同时要尽量保持画质。常见的视频编码标准如 H.264、H.265 等,能够高效地压缩视频数据。

4. 存储与传输　编码压缩后的视频数据可以存储在计算机硬盘、云存储或其他介质中,也可以通过网络进行传输。存储和传输技术的进步,使得视频数据可以方便地分享给更多的人。

5. 解码播放　在接收端,需要使用相应的解码器将压缩的视频数据还原成原始的数字视频信号,并通过显示设备(如电视、电脑显示器等)进行播放。解码过程与编码过程相对应,确保视频信号能够准确地被还原和呈现。

7.3.2　常见视频文件格式

未经压缩的数字视频的数据量非常大,对于目前的计算机和网络来说,无论是存储或传输都是不现实的,因此在多媒体中应用数字视频的关键问题是数字视频的压缩技术,不同的压缩方法产生了不同的视频文件格式。

1. AVI 格式　AVI(Audio Video Interleaved)是音频视频交错格式,由微软公司于 1992 年 11 月推出。AVI 文件是将音频和视频数据同步组合在一起,采用高压缩比的有损压缩方式。虽然画面质量有所欠缺,但其占用空间相对较小,因此应用范围仍然非常广泛。

2. WMV 格式　WMV(Windows Media Video)是微软开发的一系列视频编解码和其相关的视频编码格式的统称。WMV 包含三种不同的编解码:为满足在 Internet 上应用而开发设计的 WMV 视频压缩技术;为满足特定内容需要的 WMV 屏幕和 WMV 图像的压缩技术;为满足物理介质发布的压缩技术,比如高清 DVD 和蓝光光碟,即所谓的 VC-1。WMV 格式的特点是体积小适合在网上播放和传输。

3. MOV 格式　MOV 即 QuickTime 影片格式,它是 Apple 公司开发的一种音频、视频文件格式,用于存储常用数字媒体类型。当选择 QuickTime 作为保存类型时,动画将保存为“.mov”文件。

4. MPEG 格式　MPEG 包括 MPEG1、MPEG2 和 MPEG4。MPEG1 应用在 VCD 制作和视频片段下载的网络应用上。MPEG2 应用在 DVD 的制作方面,同时在一些 HDTV 和高要求视频上也有应用,其图像质量的指标比 MPEG1 高。MPEG4 是一种最为常见的压缩算法,其优势在于压缩比高(最大可达 4000∶1),占用存储空间小,具有较强的通信应用整合能力,已成为影音领域最重要的视频格式。MP4 是支持 MPEG4 的标准音频视频文件,主要用途在于网上流媒体、光盘、语音发送以及电视广播等。

5. FLV/F4V 格式　FLV(Flash Video 的简称)是一种视频流媒体格式。由于它形成的文件较小、加载速度很快,常用于网络流媒体播放。F4V 是继 FLV 格式后 Adobe 公司推出的高清流媒体格式。F4V 更小更清晰,更利于网络传播,已逐渐取代 FLV,且已被大多数主流播放器兼容播放。如目前主流的土豆、优酷等视频网站都开始用 H.264 编码的 F4V 文件。

6.RMVB/RM 格式　RMVB 的前身为 RM 格式,是 Real Networks 公司制定的音频视频压缩规范,根据不同的网络传输速率,制定不同的压缩比率,在低速率的网络上可以进行影像数据实时传送和播放,具有体积小,画质不错的优点。

7.3.3　视频播放工具

视频播放工具是指用于播放视频文件的计算机软件或移动应用。这些软件通常支持多种视频格式,并提供丰富的播放功能和用户体验。在当前的数字娱乐市场中占据着重要地位。

1.本地视频播放软件　主要播放本地视频和 DVD 光盘,如暴风影音、QQ 影音、PowerDVD 等。

2.云视频服务平台　内容以电影、电视剧、综艺、音乐、新闻、时尚、科技等多维度运营,支持内容丰富的在线点播及电视台直播。如央视影音、腾讯视频、爱奇艺、优酷视频、哔哩哔哩、芒果 TV 等。

3.短视频服务平台　用户可以通过拍摄、编辑和分享短视频,展示自己的创意和才华,同时与其他用户互动交流。短视频平台不仅丰富了人们的娱乐生活,也为企业和个人提供了新的营销和推广渠道,如抖音、快手、微视等。

4.网盘视频平台　用户将视频文件上传至云存储服务中,用户只需登录网盘账号,即可轻松管理自己的视频库,享受便捷的云存储服务。网盘视频已成为现代人存储和分享视频内容的重要选择,如百度网盘、夸克网盘、腾讯微云等。

7.4　视频处理工具

7.4.1　常用视频处理工具

数字视频的处理包括视频画面的剪辑,切换、抠像、滤镜、运动等效果的施加,标题与字幕的创建和配音等。常用的视频处理工具有以下几种。

1.Adobe Premiere　Adobe Premiere 是 Adobe 公司推出的专业的视频编辑软件,功能强大,可用于视频和音频的非线性编辑与合成,特别适合处理由数码摄像机拍摄的影像,完全能够满足专业用户的各种要求。其应用领域有影视广告片制作、专题片制作、多媒体作品合成及家庭娱乐性质的计算机影视制作等。

2.Adobe After Effects　Adobe After Effects 是目前比较流行的功能强大的影视后期合成软件。与 Premier 不同的是,它比较侧重于视频的特效加工和后期包装,是视频后期合成处理的专业非线性编辑软件,主要用于电影、录像、DV、网络上的动画图形和视觉效果设计。

3. 剪映　剪映是一款视频编辑工具,具有全面的剪辑功能,有强大的滤镜和丰富的资源库,软件界面清晰,操作简便,支持在手机移动端、Pad 端、Mac 电脑、Windows 电脑全终端使用,适用更多专业剪辑场景,为不同用户和专业人群提供了更多创作空间,使视频创作从此"轻而易剪"。

4. Ulead Video Studio　Ulead Video Studio 即绘声绘影,是一款专门为个人及家庭设计的比较大众化的影片剪辑软件。绘声绘影提供了向导式的编辑模式,操作简单、功能强大,具有捕获、剪辑、切换、滤镜、叠盖、字幕、配乐和刻录等多重功能。无论是入门新手还是高级用户,都可以根据自己的需要轻松体验影片剪辑与制作的乐趣。

5. Clipchamp　Clipchamp 是一款在 Windows 11 上预装的,由人工智能驱动的全新视频编辑器,是一款比较新的具有创意应用的视频编辑软件,在 Windows 11 上随时准备助你一臂之力。这款多媒体工具拥有一系列强大功能,且将持续更新,无需掌握高级编辑技能或使用昂贵软件就能创建高品质视频。

7.4.2　剪映

1. 下载与安装　可以从剪映官方网站(https://www.capcut.cn/)或应用商店中获得安装包,下载时根据操作系统选择适用的版本进行下载。安装完成后,打开剪映专业版软件,登录抖音账号就可以开始视频的剪辑与分享。

2. 剪映主界面　剪映专业版的界面清晰简洁,易于操作。打开软件后点击"开始创作",主界面包括视频素材栏、剪辑栏(时间轴)、预览栏(播放器)、特效栏,各个区域如图 7-2 所示。可以根据需要调整界面布局以适应自己的编辑需求。

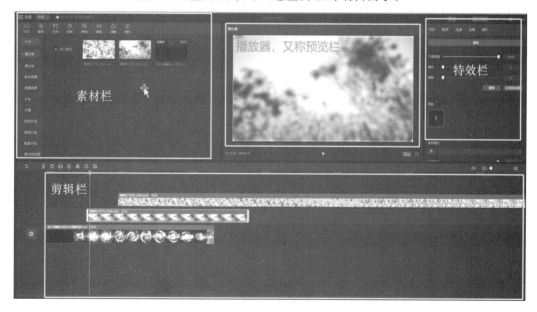

图 7-2　剪映主界面

素材栏:显示与管理从本地导入的视频和照片,以及剪映自身提供的素材库和素材。

预览栏:点击播放可以查看你选择的素材内容。

特效栏:对导入的素材进行处理,包括画面、声音、速度的调整。

剪辑栏:又称为工作区或者轨道栏,支持多轨道剪辑,可以把导入的素材拖拽到上面进行剪辑加工处理。

3. 导入与编辑视频素材　首先,需要导入素材,视频文件和素材(如贴图、动画、音频等)可以从本地文件夹中导入,也可以从素材库中导入,导入完成后在素材栏中显示。其次,开始编辑素材,通过鼠标拖拽可将素材添加到时间轴上的不同轨道,主要的剪辑工作在时间轴完成,如调整顺序、剪切、合并等。主要的特效设置在特效栏完成,如裁剪、旋转、添加滤镜、调整饱和度等。

(1)删除、剪切等:要删除开始和结尾部分,把鼠标放在视频的开始或结尾部分进行拖拽即可完成裁剪;要删除中间部分片段,需要先对素材进行分割,将光标移动到需要分割的位置,点击工具箱中的"分割",将其一分为二后再进行掐头去尾的裁剪,如图 7-3 所示。

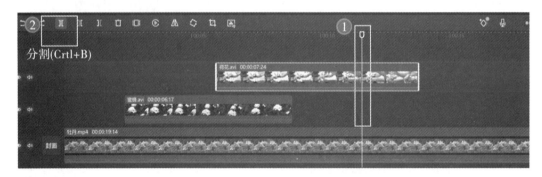

图 7-3　素材分割

(2)尺寸、位置和旋转角度等:选中素材,特效栏中点击"画面"→"基础"→"缩放/位置/旋转",调整对应参数或直接在左边的播放器中进行修改,如图 7-4 所示。

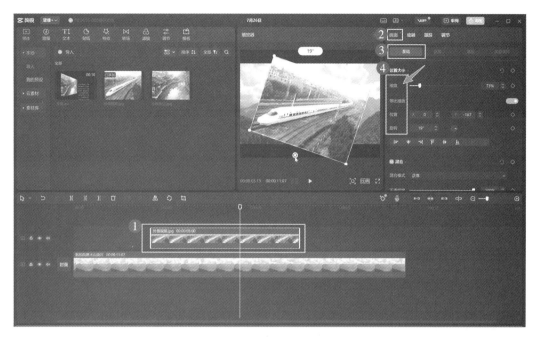

图 7-4　缩放、旋转等调整

（3）蒙版、变速、动画、调节等：特效栏提供了多种特效，操作方法基本相似，例如：选择"画面"→"蒙版"可以加上遮罩特效，如图 7-5 所示，加上爱心蒙版。

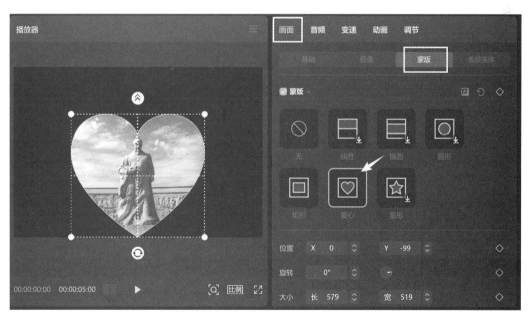

图 7-5　添加蒙版

选择"变速"可设置常规变速和曲线变速,如图7-6所示,在跳接曲线凸起的时刻会10倍速地突然加速,改变关键点可调节变速效果。

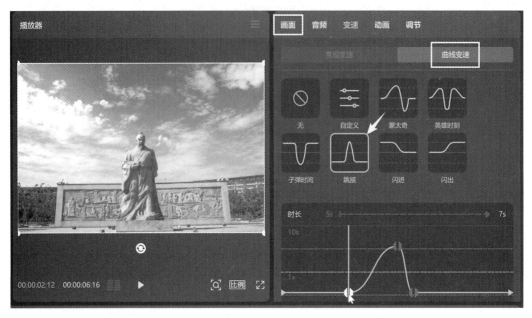

图7-6　变速设置

选择"动画"可以加上预置动画,如图7-7所示,加入了"动感放大"特效,视频开场时就增加了动感效果。

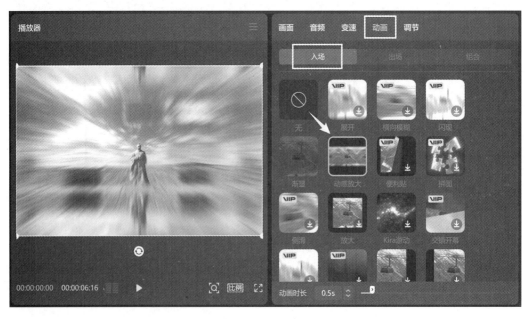

图7-7　添加动画

选择"调节"可以对色彩亮度进行调节,如图7-8所示,将曲线调整成微微S形可以使画面更加生动。

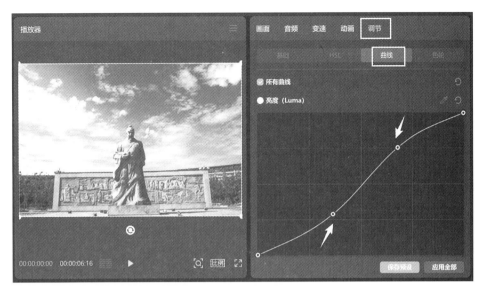

图7-8　亮度曲线设置

4.添加贴纸、特效、转场与滤镜

(1)添加贴纸:剪映提供了大量实用贴纸,支持插入多个贴纸,点击"贴纸"展开左侧贴纸素材,或者在搜索框中自定义关键词。使用时拖拽贴纸,添加到轨道栏上即可,如图7-9所示,添加了三个贴纸素材。

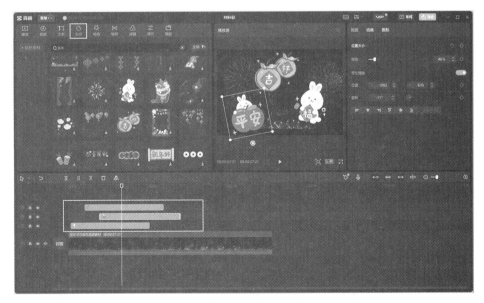

图7-9　添加贴纸

（2）添加特效：剪映提供大量特效，支持添加多个特效，点击"特效"，选择合适的特效拖拽到视频上层的轨道上即可。如图7-10所示，添加了"白色线框"和"分屏开幕"特效。

图7-10　添加特效

（3）添加转场：转场是两个视频衔接处的切换方式，即一个视频如何切换到另一个视频的效果，在视频编辑中十分重要。剪映提供了大量实用的转场特效，使用时点击"转场"，选择适合的转场直接拖拽到了视频衔接处即可，如图7-11所示，添加了"翻页"转场，还可以在特效栏调整转场时长。

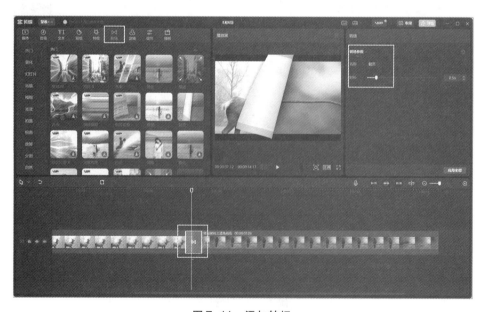

图7-11　添加转场

（4）添加滤镜：滤镜可以给图像加上特殊效果，使用时点击"滤镜"，选择适合的滤镜直接拖拽到轨道上即可，滤镜并列添加到不同轨道可产生叠加的效果，如图 7-12 所示，添加了四个滤镜。

图 7-12　添加滤镜

5. 添加音频与音效　除了视频编辑，剪映还支持添加音频与音效，增加视频的观赏性和吸引力。可以导入本地音频文件到媒体库，也可以使用音频库中的丰富素材，如背景音乐、音效素材等。如图 7-13 所示，添加了两段音频叠加作为背景音乐，其中一段来自本地音乐，一段来自音效素材。在特效栏中提供了音频的剪切、淡入淡出、调整音量等功能，能够更好地控制音频与视频的混合效果。

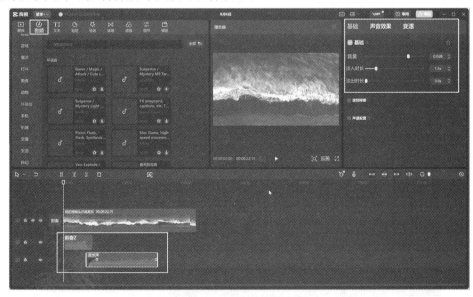

图 7-13　添加音频与音效

6. 添加文字与字幕　剪映支持在视频中添加文字与字幕,提供了多种字体、字号、颜色等样式的设置。除了基本的文字,还提供了高级的文字特效,如动态文字效果、字体动画等,这些特效可以为视频增添更多的创意和艺术效果。如图 7-14 所示,先将文字模版添加到音频轨道中,调整好位置与时间长度,在特效栏中输入要显示的文字,并且调节效果,例如改变字体和颜色,加上气泡等。

另外,剪映还支持智能字幕、识别歌词等功能,可自动识别视频文件中的音频并显示出相应字幕,用户可在此基础上编辑字幕。

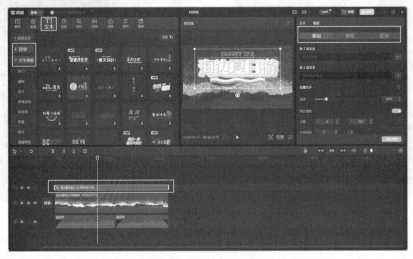

图 7-14　添加文字与字幕

7. 导出与分享　剪映支持多种常见的视频格式,如 MP4、MOV 等,完成视频编辑后,用户可以选择需要的输出格式。点击右上角的"导出",弹出导出对话框,设置视频的名称、导出位置、分辨率、帧率、格式等属性,如图 7-15 所示。导出后还支持将视频上传到各大社交平台,如抖音、微博、朋友圈等,能够方便地与他人分享精彩视频。

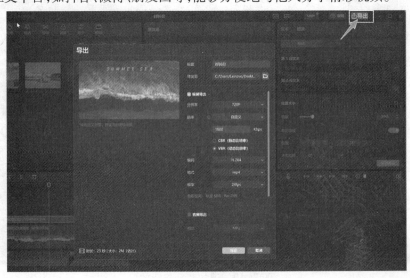

图 7-15　导出视频

8.使用模板制作视频　剪映提供了多种模板,类型丰富,使用简单,可以帮助初学者快速制作出高质量的复杂视频,并且还能帮助用户学习视频编辑的各种技术。点击"模板",选择适合的模板拖拽到视频轨道中,点击"替换素材",如图7-16所示。将需要编辑的视频或图片导入,拖拽到合适的位置进行素材替换即可,如图7-17所示。

图7-16　添加模版

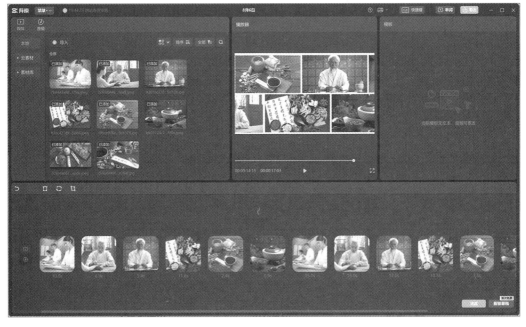

图7-17　替换素材

7.5　音视频格式转换工具

7.5.1　音视频格式转换基础

音频和视频的源文件格式多样化,常见的音频文件格式有 WAV、MP3、WMA、FLAC 等,常见的视频文件格式有 AVI、MP4、MOV、ASF、WMV、RM、RMVB 等,这些文件的表面区别是后缀名不同,但本质区别在于编码方式不同。某些格式的音视频文件可能无法在某些设备上播放或编辑,此时就需要进行音视频格式转换。此外,音视频格式转换还可以优化和压缩文件大小,有利于文件的存储与分享。

音视频格式转换是通过软件改变视频内部的编码方式,但是不改变音视频的具体内容。常用的音视频格式转换方法有以下两种:

(1)使用音视频编辑工具,如 Audition、Premier、剪映等,导出时选择需要的格式以完成格式转换。

(2)使用专业的格式转换工具,如迅捷视频工具箱、格式工厂、汇帮视频格式转换器等。此类工具操作界面简单,转换功能强大,支持多种音视频格式的转换,并且能保证转换后的文件质量,非常适合普通用户使用。

7.5.2　格式工厂

格式工厂是一款多媒体格式转换工具,它支持几乎所有多媒体格式的转换,可以设置文件输出配置,支持转换文件的缩放、旋转等。

1.下载与安装　格式工厂可以在官方网站(https://www.pcgeshi.com/)下载,安装后打开主界面如图 7-18 所示,可对视频、音频、图片、文档等进行转换。例如将一个视频从 MPG 格式转换为 MP4 格式,点击“视频”菜单中的“->MP4”,在弹出对话框进行转换设置。

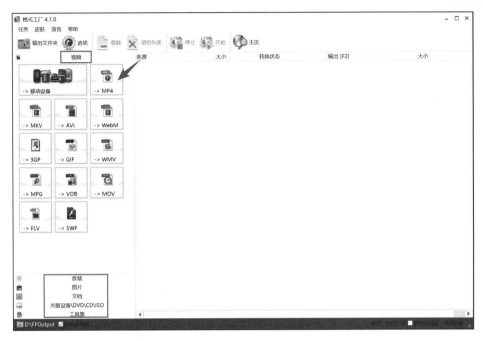

图 7-18　格式工厂主界面

2. 转换设置　"->MP4"对话框设置步骤：①点击"添加文件"按钮，导入 MPG 格式的视频源文件，支持一次导入多个视频。②点击"输出配置"按钮，在视频设置对话框中进行详细参数的设置，例如视频质量、视频编码、帧速率等。③点击"选项"按钮，如果需要剪裁视频，可以设置开始时间和结束时间。④点击"改变"按钮，可以设置输出的文件夹。⑤点击"确定"回到主界面。如图 7-19 所示。

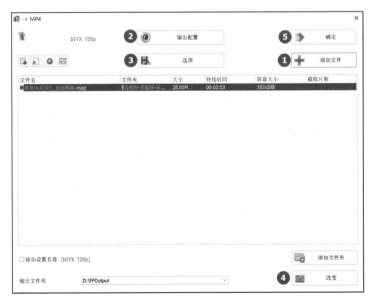

图 7-19　格式转换设置

3.转换完成　点击"开始"按钮进行转换,待转换状态进度条从0%变为完成,即可查看转换后的文件,如图7-20所示。

图7-20　转换完成

7.6　AI 在音视频领域中的应用

随着人工智能(AI)技术的快速发展,音视频处理正逐渐得到广泛应用。AI 技术不仅可以提高音视频处理的效率,还可以改善用户体验,为各个领域带来新的机遇和挑战。

1.声音增强与降噪　声音增强与降噪是 AI 技术常见且非常重要的应用之一。通过深度学习模型和算法,可以消除背景噪声并增强需要关注的声音信号,从而提供更好的音频质量。该技术在通信、语音识别、语音翻译等场景下尤为重要。

2.语音控制与交互　语音控制已经渗透到了我们日常生活的方方面面,例如具备 AI技术的语音助手,如 Google Assistant、siri、米家小爱音箱等,能够识别用户的声音指令并执行相应操作。这种交互方式不仅便捷而且人性化,大幅提升了使用者体验。

3.视频内容识别与分类　利用深度学习和计算机视觉技术,AI 可以自动识别和分类视频内容。例如,在社交媒体上自动检测违规内容、智能监控系统中自动识别异常行为等。这种技术使得大规模数据分析更加高效,并减轻了人工监管工作负担。

4.视频内容生成与编辑　AI 技术在视频内容的生成和编辑中也发挥着重要作用。例如,可以通过人脸识别和姿态估计技术实现自动化视频剪辑,根据特定的需求智能地选择最佳画面和角度。另外,利用生成对抗网络(GAN)等技术可以合成逼真的虚拟现实(VR)或增强现实(AR)场景,并为视频制作带来更多创意。

　　AI 技术无疑将为音视频处理带来更高效、更优质的服务,并推动社会和经济发展迈向新的台阶。然而,相应地也需逐步解决隐私保护、数据样本不足以及处理复杂场景带来的挑战。相信在不久的将来,AI 技术将成为音视频处理中不可或缺的重要组成部分,并彻底改变我们与音视频交互方式以及体验。

音视频 AI
网站

　　AI 音视频制作见二维码。

7.7　练习题

1. 分别简述声音和视频产生的原理及其基本参数。
2. 简述常见的声音和视频的文件格式。
3. 声音和视频获取方法有哪些?
4. 使用 Adobe Audition 制作一个有配乐的诗词朗诵。
5. 选取一个视频主题编写脚本并拍摄视频,使用剪映进行后期处理。

智能手机具有独立的操作系统,独立的运行空间,可以由用户自行安装软件,并可以通过移动通信网络来实现无线网络接入。近年来,智能手机得到了快速发展。本章将结合常用的手机管理软件,介绍手机软件的使用方法。

8.1　手机软件概述

智能手机与计算机一样,有相应的处理器和操作系统。与计算机软件类似,手机软件也分为系统软件和应用软件两类。

8.1.1　手机操作系统

智能手机操作系统即移动终端操作系统,是管理手机硬件与软件资源的程序,也是手机运行各种应用程序的基础,负责调度手机的各项功能,确保手机能够流畅、稳定地运行。常见的智能手机操作系统有 Andriod OS、iOS、HarmonyOS、Symbian OS、Blackberry 等。

1. Android　Android 是由 Google 公司和开放手机联盟领导及开发的开源移动操作系统,是一款开源的手机操作系统,具有强大的可定制性和丰富的应用程序生态系统,允许开发者自由获取和修改系统代码,为其添加新的功能或优化现有功能。Android 支持多种品牌的手机,是全球最流行的手机操作系统之一。

2. iOS　iOS 是由苹果公司推出的手持设备操作系统,专为 iPhone、iPad、iPod touch 等苹果设备设计,用户可以在不同的设备之间无缝同步数据、享受音乐和购买应用程序。同时,iOS 还采用了多层安全保护机制,包括数据加密、设备加密、Touch ID/Face ID 生物识别技术等,确保用户的数据和隐私得到充分保护。

3. HarmonyOS　鸿蒙系统(HarmonyOS)是华为公司推出的一款全新的面向全场景的分布式操作系统,能够将不同设备连接为一个整体,实现资源共享和任务协同,支持多种设备之间的无缝连接和协同工作,包括智能手机、平板电脑、智能手表、智能电视以及其他的物联网设备等。

8.1.2　手机驱动程序

手机驱动程序,也称为设备驱动程序或设备驱动,是一种操作系统中的软件程序,主要用于与手机硬件设备进行通信和交互,将操作系统的指令转化为硬件设备所能理解的形式,以确保手机能够正常连接到计算机,并进行数据传输、软件安装、系统更新等操作。手机驱动程序的选择取决于手机品牌和型号,以及所使用的操作系统。在安装手机驱动时,应选择与自己手机型号和操作系统相匹配的版本,以确保其能够正常工作。

8.1.3　手机应用软件

手机应用软件,即移动应用(Mobile Application,简称 App),是指安装在智能手机上为解决某个应用领域中具体问题而编制的移动端程序。根据安装来源,手机软件可分为预装软件和用户自行安装的第三方应用软件。预装软件通常是手机出厂时自带的,而第三方应用软件则是用户从应用市场自行下载安装的。

1. App 软件的特点

(1)便携性:专为便携式设备设计,用户可以随时随地在设备上使用。

(2)多样性:通常为特定目的而设计,满足用户多样化的需求。

(3)交互性:通常具有直观的用户界面,用户能够轻松完成各种操作。

(4)实时性:具备实时更新和动态推送的功能。

(5)可定制性:部分 App 允许用户根据自己的喜好和习惯进行定制。

(6)安全性:通过加密、认证等方式保障用户数据的安全性。

2. App 软件的分类　根据功能不同,手机 App 软件可以分为多种类型。

(1)社交类:主要用于满足用户在网络平台上的社交分享需求,包括聊天、交友、社区论坛等功能。常见的有微信、QQ、微博等。

(2)娱乐类:主要提供视频、音频、游戏等娱乐内容,为用户提供丰富的游戏娱乐体验。如腾讯视频、QQ 音乐、抖音、王者荣耀等。

(3)购物类:线上购物平台,方便用户随时随地进行购物和消费。常见的有淘宝、京东、拼多多、唯品会等电商平台及各品牌官方 App。

(4)工具类:提供各种实用功能,辅助用户完成日常任务。如计算器、备忘录、日历、天气预报、翻译器等。

(5)教育类:提供多种学习资源,帮助用户提升自身知识和技能。如网易云课堂、猿辅导、百度文库、有道词典、中医通、灸大夫、3Dbody 等。

(6)新闻资讯类:主要提供最新的新闻和资讯信息,满足用户对动态信息获取的需求。如今日头条、腾讯新闻、人民日报、新华社等。

(7)生活服务类:提供便捷的生活服务,包括美食、出行导航、旅游住宿等。如美团、饿了么、携程、百度地图等。

(8)金融理财类:主要涉及金融服务和投资理财,包括银行、股票基金、理财、保险等。用户可以在手机上进行账户管理、投资理财、转账汇款等操作。如支付宝、微信支付、云闪付、各大银行官方 App、各保险公司官方 App 等。

(9)运动健康类:包括健康监测、饮食记录、运动跟踪等功能的应用。如 Keep、薄荷

健康、华为运动健康等。

（10）拍摄美化类：主要提供拍照、图像美化、短视频、影音编辑等功能。如剪映、美图秀秀、花瓣剪辑等。

8.2　手机助手

手机助手是智能手机的同步管理工具，包括 PC 端和手机端。PC 端手机助手可以在 PC 端便捷地对手机进行管理，包括下载安装各类应用程序、管理手机信息资料、备份还原手机重要数据等。手机端助手直接在手机上使用，提供类似 PC 端手机助手的功能。

本节以"华为手机助手"为例，介绍手机助手软件的安装和使用。华为手机助手是华为官方出品的一款功能强大的手机管理软件，旨在帮助用户更方便地管理手机数据、应用、系统更新等。

8.2.1　安装手机助手

1. 下载和安装　在浏览器中输入网址（https://consumer. huawei. com/cn/support/hisuite/），进入 HiSuite 华为手机助手下载官方网页。

HiSuite 支持 Windows 下载和 Mac 下载，Mac 版本目前仅支持图片管理、视频管理、文件管理、备份/恢复功能。以 Windows 下载为例，点击"Windows 下载"进行下载、安装，如图 8-1 所示。

图 8-1　华为手机助手下载页面

2. 连接设备　华为手机助手支持"WLAN 无线连接"和"USB 数据线连接"两种连接方式。其中 WLAN 无线连接只适用于 Windows 系统，USB 数据线连接既适用于 Windows 系统也适用于 Mac 系统，如图 8-2 所示。

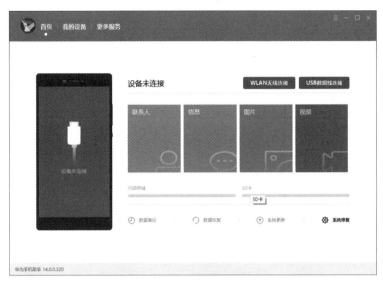

图8-2　华为手机助手主界面

（1）USB 数据线连接：点击软件主界面的"USB 数据线连接"，弹出"连接设备"窗口，根据步骤提示在手机上进行操作，如图8-3 所示。

图8-3　连接设备界面

选择"允许通过 HDB 连接设备"后，系统将在手机中安装和 PC 机匹配的华为手机助手客户端。

安装成功后，打开手机端的手机助手，将连接验证码输入 PC 端界面中，点击"立即连接"按钮进行连接。

连接成功后,PC 端软件中将显示该手机信息,如图 8-4 所示。

图 8-4　PC 端连接成功界面

(2) WLAN 无线连接:使用 WLAN 无线连接需确保 PC 和手机连接于同一局域网。点击手机助手主界面的"WLAN 无线连接"按钮,在弹出的"连接设备"窗口中,输入手机端显示的验证码,点击"立即连接"按钮,如图 8-5 所示。连接成功后,PC 端将显示连接设备信息,手机端则显示连接成功界面。

图 8-5　WLAN 连接界面

Mac 系统的安装步骤与 Windows 系统类似,但界面和选项会有所不同,用户可以按照安装向导的提示进行操作。

8.2.2　使用手机助手管理设备

1. 联系人管理　在手机助手 PC 端主界面,点击"我的设备",在显示的界面中点击左侧目录中的"联系人",即可显示手机通讯录中的所有联系人信息。点击某个联系人前面的选项框,可以通过右下角的"删除""导入""导出"按钮实现对联系人的管理,如图 8-6 所示。

图 8-6　联系人管理界面

2. 短信管理　在"我的设备"界面中,点击左侧目录中的"信息",即可显示手机设备中所有的短信信息。华为手机助手支持在电脑上收发管理短信、导出短信到电脑、短信群发等功能,用户可以通过界面右下角的"新建""删除""导入""导出"按钮来实现,如图 8-7 所示。

图 8-7　短信管理界面

3.图片和视频管理　手机助手支持多种方式浏览、导入/导出图片和视频,设置图片为设备壁纸等功能。在"我的设备"界面中,点击左侧目录中的"图片"或"视频",即可侧显示手机设备中所有的图片或视频信息,用户可以通过单击界面右下角的"导入""导出""删除"按钮实现对操作对象的管理,如图8-8所示。

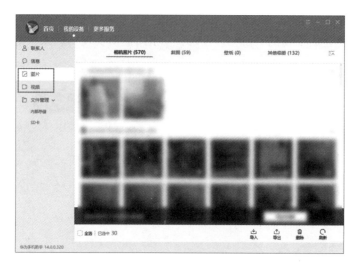

图8-8　图片管理界面

4.文件管理　手机助手支持管理内部存储和SD卡上的文件、导出文件到电脑、导入文件到手机等文件管理功能。在"我的设备"界面中,点击左侧目录中的"文件管理",则在下侧显示"内部存储"和"SD卡"选项,分别单击这两个选项即可分别显示手机设备中内部存储和SD卡上的文件信息,用户可以通过界面右下角的"导入""导出""复制""新建文件夹""删除"按钮对文件进行管理,如图8-9所示。

图8-9　文件管理界面

5. 备份恢复　手机助手可以将设备上的数据备份至电脑,支持联系人、短信、应用程序、音乐、通话记录、Email、日程等的备份,还可将已备份数据恢复至手机设备。点击手机助手主界面下方的"数据备份"按钮,按照手机提示完成授权后,弹出"数据备份"窗口。选中需要备份的对象,并选择备份至 PC 中的保存位置,点击"开始备份"按钮,设置密码对备份数据进行加密后,即可实现对手机文件的备份,如图 8-10 所示。

图 8-10　数据备份界面

点击手机助手主界面下方的"数据恢复"按钮,按照手机提示完成授权后,弹出"数据恢复"窗口。选择备份文件,点击"开始恢复"按钮,输入备份文件的密码,即可完成数据恢复,如图 8-11 所示。

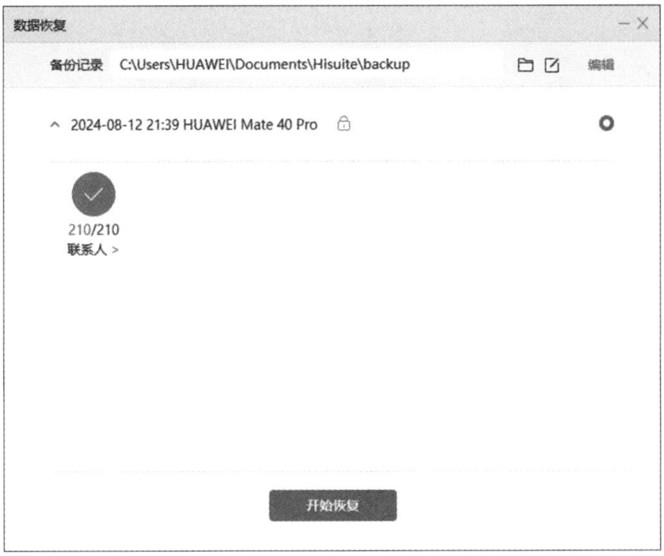

图 8-11　数据恢复界面

6. 系统更新　手机助手支持华为手机系统版本升级和回退功能。点击手机助手主界面下方的"系统更新"按钮，则弹出"系统更新"窗口，根据提示决定是否更新，如图 8-12 所示。

图 8-12　系统更新界面

在系统更新界面，点击"切换到其他版本"，在弹出的窗口中点击"恢复"按钮，可以将系统回退至先前的版本，如图 8-13 所示。

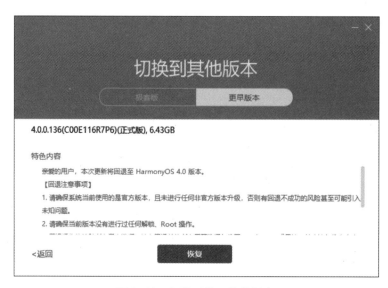

图 8-13　切换系统至其他版本

8.3 练习题

1. 手机操作系统的主要功能有哪些？

2. 手机操作系统的未来发展趋势是什么？

3. 简述手机驱动程序安装过程中可能遇到的问题及其解决方案。